有机农产品知识百科

有机海参生产与管理

中国绿色食品协会有机农业专业委员会　组织编写

中国农业科学技术出版社

图书在版编目（CIP）数据

有机海参生产与管理 / 中国绿色食品协会有机农业专业委员会组织编写. -- 北京：中国农业科学技术出版社，2022.4

ISBN 978-7-5116-5709-1

Ⅰ.①有… Ⅱ.①中… Ⅲ.①海参纲-海水养殖 Ⅳ.①S968.9

中国版本图书馆 CIP 数据核字（2022）第 039587 号

责任编辑 史咏竹
责任校对 贾海霞
责任印制 姜义伟 王思文

出 版 者 中国农业科学技术出版社
北京市中关村南大街 12 号 邮编：100081
电　　话 (010)82105169(编辑室) (010)82109702(发行部)
(010)82109709(读者服务部)
传　　真 (010)82105169
网　　址 http://www.castp.cn
经 销 者 各地新华书店
印 刷 者 北京建宏印刷有限公司
封面供图 大连棒棰岛海产股份有限公司
开　　本 148 mm×210 mm 1/32
印　　张 4.125
字　　数 83 千字
版　　次 2022 年 4 月第 1 版 2022 年 4 月第 1 次印刷
定　　价 29.00 元

《有机海参生产与管理》

编委会

主　　编　宋　坚　黄艳玲　栾治华

副 主 编　张　慧　张伟杰　李双双

编写人员（按姓氏笔画排序）

刁品春　王二平　王鹏超　刘　文

李双双　宋　坚　张　慧　张伟杰

张志成　林园园　赵　骞　栾其琛

栾治华　高　杨　唐　韧　黄艳玲

常　亮　谢昭军

主　　审　夏兆刚　王华飞

前　　言

有机农业是一种能维护土壤、生态系统平衡和人类健康的生产体系，它遵从当地的生态节律、生物多样性和自然规律，而不依赖会带来不利影响的投入物质。有机农业是传统农业、新思维和科学技术的结合，它有利于保护我们所共享的生存环境，也有利于促进包括人类在内的自然界的公平与和谐共生。当前，在经济新常态的引领下，我国劳动力优势和独特自然气候条件为发展有机产品提供多种可能，广大群众消费方式、消费理念的转变为发展有机产品提供了更大的空间，特别是农业转方式、调结构也为发展有机农业带来了新的契机。在今后的一个时期内，中国的有机农业和有机农产品一定能够在现代农业生态文明建设和农产品质量安全工作中发挥更大的示范和带动作用。

综观我国有机农业二十多年来的发展，有机农业经过了从无序到有序、从自觉到全社会倡导、从民间行为到政府鼓励和引导的发展阶段。特别是我国有机产品国家标准和相关法律法规的颁布实施，以及对有机农业生产、认证、贸易的严格监管，使我国的有机农业开始进入规范化、法制化的轨道。我国认证的有机生产面积在不断扩大，国内外的贸易量逐年增长，实践证明，我国有机农业的发展，为消费者提供了优质、健康的农产品，减少了对农业生态环境的污染，给农民带来了良好的经济效益，已成为我国可持续农业发展的重要组成部分。

有机农业是相对独特的农业生产体系，生产过程必须坚持许多特殊的要求，因此在我国有机农业迅速发展的过程中还面临着众多的问题和挑战，其中包括技术力量薄弱、保障服务体系松散、产学研结合严重滞后的现状，依靠目前初步建立起来的技术体系远远满足不了发展的需要，在生产、加工、储藏等方面还需要很多的技术支持，需要用新的思维，研究开发一大批适合有机农业生产的技术和方法。例如，研究建立有机种子生产规范和各类作物的生产规程；根据有机肥的特性、作物生长需要和生长规律以及土壤性质合理施用有机肥，并进行有机肥的无害化处理；研究开发适用于有机生产的植保产品等。有机农业的发展如果仅依靠认证的力量是远远不够的。

农业系统拥有众多生产、加工、科研、教育等方面的专家学者，是有机农业发展的技术服务和保障的来源，是解决有机农业生产关键技术难题的生力军。充分发挥专家学者的作用和优势，为企业发展服务，为政府决策服务是当务之急。据了解，欧美等发达国家或地区有许多有机农业研究机构或协会，如瑞士有机农业研究所（FiBL）、国际有机农业研究协会（ISOFAR）、丹麦有机协会（Organic Danmark）等，经过几十年的发展，它们在有机农业的作物品种选择、土壤培肥、病虫草害控制、农田生态环境建设等方面都建立了比较完善的学科体系，它们的实践和成功运作的经验值得借鉴。

在农业农村部的支持下，在中国绿色食品协会和中绿华夏有机产品认证中心等单位的指导下，我们开展了有机农业专业委员会的工作，力争利用农业系统的优势，形成强有力的技术支撑力量，积极开展学术交流，掌握国内外有机农业科研、生产、销售情况和信息，指导和帮助有机农业生产者解决生产中遇到的问题，为从事有机农业的科研单位、生产企业、经营企业等获得新技术、新工艺提供服务，推动我国有机农业的科学快速发展。

为了实现上述目标，在有机农业专业委员会的诸多工作中，策划出版《有机农产品知识百科》丛书是一项很重要的任务。目前已编写出版了《有机稻米生产与管理》《有机茶生产与管理》《有机果品生产与管理》和《有机奶牛养殖及有机乳制品生产与管理》四个分册。在编写本书时，我们邀请了在有机水产、有机海参领域有实际生产经验又熟悉有机标准法规的专家担纲起草，有机农业专业委员会负责综合协调并统稿审定。我们尽可能避免对专业术语和生产过程作冗长的描述，而是把重点切入一个个实际的问题，力求用通俗易懂的文字和深入浅出的表达方式，让读者能读懂有机海参生产与管理的基本要求。我们还计划根据实际生产和认证的需要，组织编写其他类别有机农产品的生产知识图书，以满足不同生产者和读者的需求。

本丛书得到了中国农业科学院农业质量标准与检测技术研究所、中国绿色食品发展中心、中绿华夏有机产品认证中心等单位的有关专家的大力支持，在此一并表示感谢！

衷心希望广大读者对本书的欠妥之处给予批评指正。

中国绿色食品协会有机农业专业委员会

2022 年 3 月

目　　录

第一章　有机海参概述

1. 什么是有机农业?

有机农业（Organic agriculture）是指遵照特定的农业生产原则，在生产中不采用基因工程获得的生物及其产物，不使用化学合成的农药、化肥、生长调节剂、饲料添加剂等物质，遵循自然规律和生态学原理，协调种植业和养殖业的平衡，采用一系列可持续发展的农业技术以维持持续稳定的农业生产体系的一种农业生产方式。

对于作物生产来说，有机农业生产技术包括选用抗性品种，建立包括豆科植物在内的作物轮作体系，利用秸秆还田、种植绿肥和施用动物粪肥等措施培肥土壤、保持养分循环，采取物理的和生物的替代措施防治病虫草害，采用合理的耕作措施，保护生态环境，防止水土流失，保持生产体系及周围环境的生物多样性等。

有机农业是传统农业、创新思维和科学技术的结合，它既吸收了传统农业的精华，又运用了现代生物学、生态学以及农业科学原理和技术而开发的一种可持续发展的农业生产方式。有机农业的核心是建立和维持农业生态系统的生物多样性和良性循环，保护生态环境，促进农业的可持续发展。

联合国食品法典委员会（CAC）充分肯定了有机农业的作用，并认为有机农业能促进和加强农业生态系统的健康，包括生物多样性、生物循环和土壤生物活动的整体生产管理系统。有机农业生产管理系统基于明确和严格的生产标准，致力于实现具有社会、生态和经济持续性最佳化的农业生态系统。有机农业强调因地制宜、优先采用当地农业生产投入品，尽可能地使用农艺、生物和物理方法，禁止使用化学合成肥料和农药。

国内外有机农业的实践表明，有机农业耕作系统与常规农业相比更具竞争力，有机农业生产体系在使不良影响达到最小的同时，可以向社会提供优质健康的农产品。有机农业在全球得到广泛发展，各国提法虽不完全相同，有的称为“生态农业”“生物农业”等，但其意义基本相同，并且随着有机农业运动的发展不断被赋予新的内涵。

2. 国内外有机农业发展的基本情况是怎样的？

（1）国内有机农业发展进程与现状

中国有几千年的农业发展史，传统农业的精华是中国农业文明的结晶，精耕细作、巧施农家肥、遵循二十四节气、重水利重土壤、土法治虫等，耕作不已，循环不息，与大自然和谐共存，是中国农业得以长期维系的原因，其中有相当部分是朴素的有机农业思想。漫长的农业发展史，地大物博的自然条件和古老的文化，使中国发展有机农业有得天独厚的有利条件。事实上，国际上有机农业就是受到中国的传统农业技术的启发而提出的，与中国的传统农业有着千丝万缕的密切关系。

我国现代有机农业发展则与欧美发达国家相比起步相对较晚，1990 年农业部[①]推出了旨在促进农业环境保护、保障食品质量安全的绿色食品工程，1992 年农业部成立中国绿色食品发展中心，专门负责组织实施全国绿色食品工程。1993 年，中国绿色食品发展中心加入国际有机农业运动联盟（IFOAM）。1995 年，为了与国际接轨，将绿色食品标准分为 A 级和 AA 级，AA 级绿色食品等同于国际有机食品。2001 年，农业部首次提出要因地制宜发展有机农业和有机农产品（食品），加快发展绿色食品，实行无公害农产品、绿色食品和有机农产品“三位一体，整体推进”的工作思路和品牌布局。2005 年，农业部发布《关于发展无公害农产品、绿色食品和有机农产品的意见》，推进相关工作；2016 年，发布《农业部关于推进“三品一标”持续健康发展的意见》，

① 中华人民共和国农业部，全书简称农业部。2018 年，国务院机构改革，将农业部的职责整合，组建中华人民共和国农业农村部，简称农业农村部。

明确指出发展“三品一标”① 是各级政府赋予农业部门的重要职能，也是现代农业发展的客观需要。2017 年中央一号文件指出，支持新型农业经营主体申请“三品一标”认证，引导企业争取国际有机农产品认证，加快提升国内绿色、有机农产品认证的权威性和影响力。2017 年 1 月，时任农业部部长韩长赋带队赴奥地利和德国考察有机农业，与奥地利农林、环境和水利部部长鲁普莱希特出席首届中奥有机农业研讨会，并商定在中国共建有机茶生产示范基地。2017 年 12 月，中国有机农业代表团一行赴越南参加“推动有机农业发展国际论坛”及相关活动，与越方政府机构、专家学者和企业界进行沟通交流，介绍了中国有机农业发展情况和经验。2018 年 8 月，中外有机农业发展与市场推介会在河北省承德市丰宁满族自治县成功召开，来自德国、法国、丹麦、西班牙、波兰、芬兰、乌克兰、阿尔巴尼亚、墨西哥和菲律宾 10 个国家驻华使馆的农业食品参赞、商务参赞、项目官员代表出席会议。2021 年中央一号文件再次指出，发展绿色农产品、有机农产品和地理标志农产品，试行食用农产品达标合格证制度，推进国家农产品质量安全县创建。

经过 20 余年的发展，目前我国的有机农业产业已形成较大规模。据统计，截至 2020 年年底，我国境内依据中国有机标准认证的有机植物生产面积 408.7 万公顷，其中有机作物种植面积

① “三品一标”指无公害农产品、绿色食品、有机农产品和农产品地理标志。

为243.5万公顷（图1-1），野生采集面积为165.2万公顷。有机畜禽总产量194万吨，主要品类为牛、羊、猪、鸡、鸭、鹅等。有机水产品总量为55.3万吨，产品主要为海带、紫菜等。有机加工品总量为479.8万吨，其中粮食加工品、乳制品和饲料位列前三位。2020年，依据中国有机标准在境外认证的总面积为87万公顷，境外有机产品总产量为811万吨。

图1-1 2005—2020年中国有机作物种植面积和有机产品产量变化趋势

（2）国外有机农业发展进程与现状

国际有机农业自20世纪初从民间发起，基于对石油农业破坏生态环境的反思，专家与生产者们建立了一套不使用化学投入品、遵循自然规律和生态学原理的农业生产和管理方式，并以民间团体和环保组织为主力进行推广。20世纪70年代，为倡导和推动全球有机农业发展，国际有机农业运动联盟（IFOAM）在法国成立，并制定了 IFOAM 有机农业标准。随着国际有机农业民间运动的日益活跃，从 20 世纪 80 年代开始，各国政府开始介入有机农业，并成为各国有机农业发展的主导力量。各国政府的农业部门颁布了有机农业法律法规，并在民间标准的基础上制定了各国有机农业国家标准，部分国家还制定了有机农业发展规划，出台了有机农业补贴政策，有机农业自此进入了规范化发展阶段。各国有机农业法律法规和标准构成了其有机产品认证管理体系。由于有机产品标准和认证管理体系源自民间，而且各国为了促进贸易，积极开展有机产品标准和认证管理的互认谈判，目前，美国、欧盟、日本、加拿大和澳大利亚等国家和地区已互相达成了有机产品标准和认证管理互认协议，也促成相关国家有机产品认证管理体系的内容大体一致。

根据瑞士有机农业研究所（FiBL）的统计，2019 年全球有机农地面积为 7 220万公顷（图 1-2），占总农地面积的 1.5%。拥有最多有机农地的地区依次为大洋洲（3 590万公顷）、欧洲（1 650万公顷）、拉丁美洲（830 万公顷）、亚洲（590 万公顷）、北美洲（360 万公顷）和非洲（200 万公顷），图 1-3 为各地区有机农地分布比例。有机农地占比最高的是大洋洲（9.6%），其次是欧洲（3.3%）和拉丁美洲（1.2%）。7 220万公顷有机农地中，超过 2/3 的面积为草地或牧场，耕地面积为 1 800万公顷。与 1999 年全球只有 1 100万公顷有机农地相比，2019 年全球有机农地数量已增长了 6 倍。2019 年，有机农地面积排在前五位的国家分别是澳大利亚、阿根廷、西班牙、美国和印度（图 1-4）。全球有机生产者超过 310 万，其中，位于亚洲、非洲和欧洲的有机生产者占 90%以上。

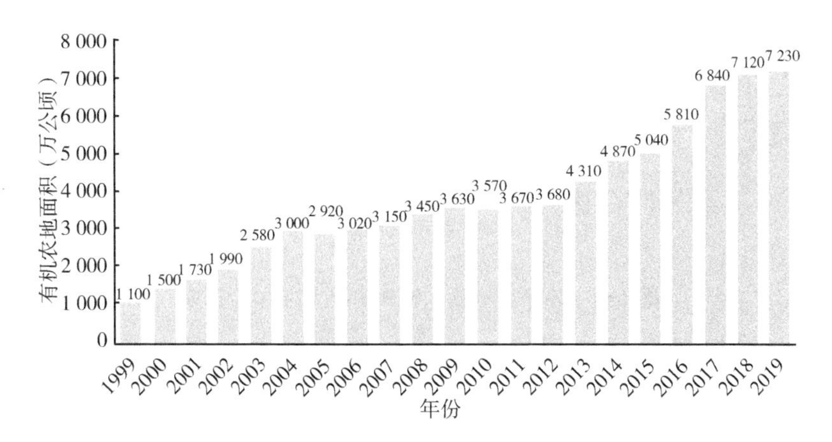

图 1-2　1999—2019 年全球有机农地面积增长趋势

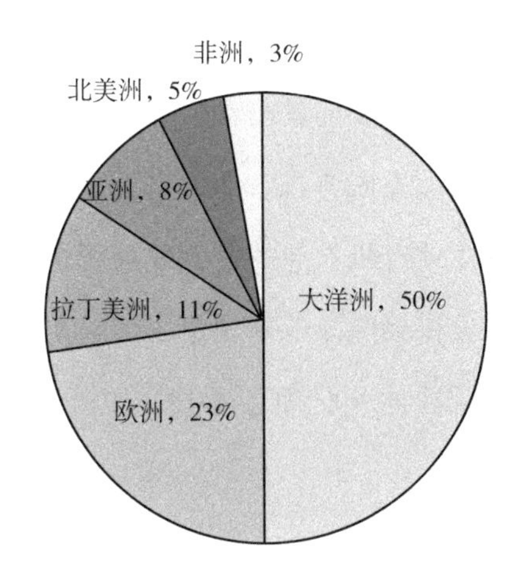

图 1-3　2019 年各地区有机农地分布比例

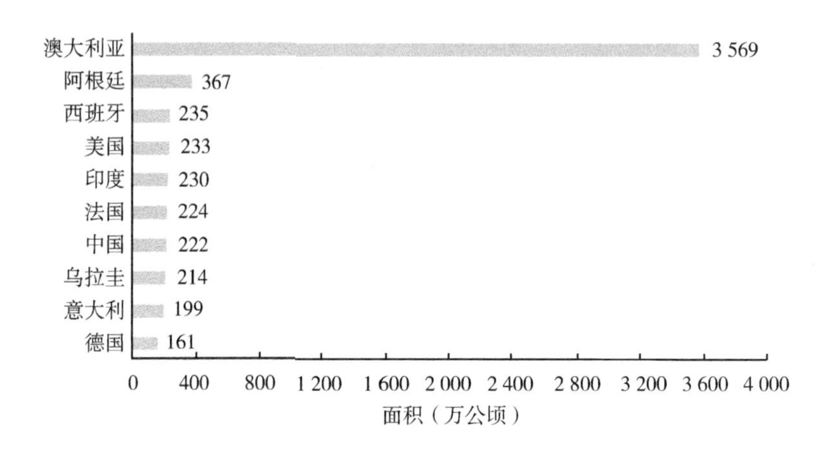

图 1-4　2019 年有机农地面积最大的 10 个国家

3. 国内外有机农业发展前景如何？

（1）国内有机农业发展前景

我国有机农业的发展总体上尚处于方兴未艾的阶段，从政府到市场等各层面看，发展前景非常广阔。

从政府层面看，发展有机农业的宗旨是保护生态环境，保障人民身体健康，因此有机农业的蓬勃发展将是践行农业绿色发展的有效途径和农业供给侧改革高质量发展的重要举措，同时也是提升农产品质量安全水平的重要手段，更是乡村振兴的助推器、精准扶贫的好帮手。

从宏观经济层面看，过去的十几年来中国国内生产总值（GDP）实现了约每年 7%的增速递增。据统计，2020 年中国 GDP 总量达 14.7 万亿美元，仅次于美国，位列世界第二，城镇居民人均可支配收入 32 189元，比 2019 年增长 2.1%。中国经济的持续稳健发展为有机市场提供了重要机遇。

从中国农产品进出口情况看，2004 年中国农产品国际贸易由长期顺差转为持续性逆差。据统计，2020 年上半年我国农产品进出口额 1 166.8亿美元，同比增长 7.4%。其中，出口 354.2 亿美元，减少 3.8%；进口 812.6 亿美元，增长 13.1%，贸易逆差 458.4 亿美元，增长 30.9%，由此可见农产品进口需求旺盛，市场前景广阔。

从有机市场消费导向情况看，2019 年我国各类有机产品产值共计 1 672亿元，销售额为 678.21 亿元，仅占食品销售额的 0.56%，人均消费有机产品 6.1 美元，不到全球平均水平的 1/2，这也说明中国有机农业发展既有扩大生产规模的潜力，又有较大的市场空间，前景广阔。

（2）国外有机农业发展前景

2019 年全球有机食品市场销售额突破 1 000亿欧元，达 1 064.04亿欧元，其主要消费市场依然集中在北美洲和欧洲等发达地区（图 1-5），但所占比例逐年下降，欧洲和北美洲占全球有机食品销售额的 85%。其中北美洲有机食品销售额为 482 亿欧元，居世界首位，美国则是全球最大的有机食品市场，销售额达 447 亿欧元。欧洲有机食品的市场价值达到了 450 亿欧元，为全球第二大有机食品市场。欧洲大部分有机食品销售额由主流零售商所贡献，如超市等，而且几乎所有主要食品零售商都发展了自

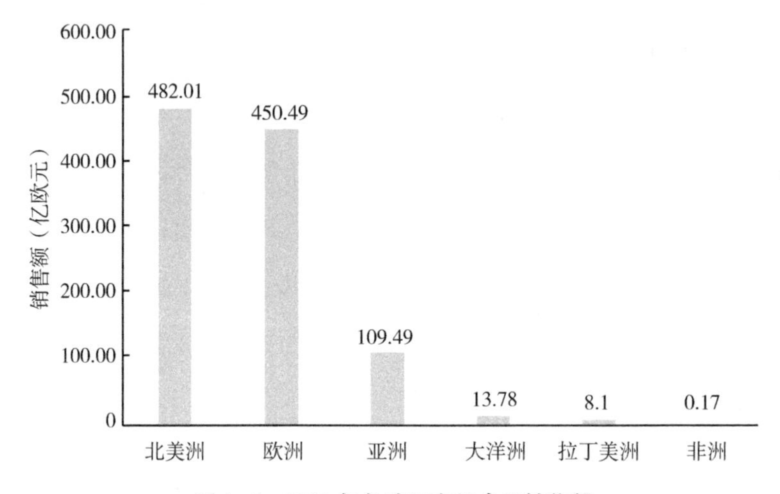

图 1-5　2019 年各地区有机食品销售额

有品牌的有机产品。亚洲、非洲和拉丁美洲的有机市场也在不断发展，2019 年有机食品销售额排名前五位的国家是美国、德国、法国、中国和意大利（图 1-6）。2019 年有机食品人均消费排名前五位的国家依次为丹麦、瑞士、卢森堡、奥地利、瑞典（图 1-7）。

欧盟委员会在 2019 年出版的《农业展望 2019—2030》中预测，有机产品需求的增长会促进供应，有机产品的需求预计将持续增长直至 2030 年。有机农业的发展和有机产品的生产及消费已经成为一种全球现象，预计未来几年有机产业将持续以稳健的速度增长。目前全球几乎每个国家都开展了有机农业，国际有机农业发展前景在可以预见的未来依然乐观。

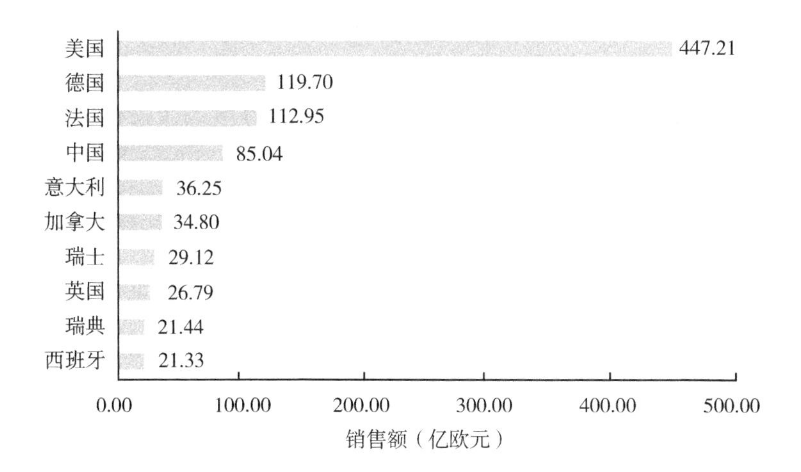

图 1-6　2019 年有机食品市场销售额最高的 10 个国家

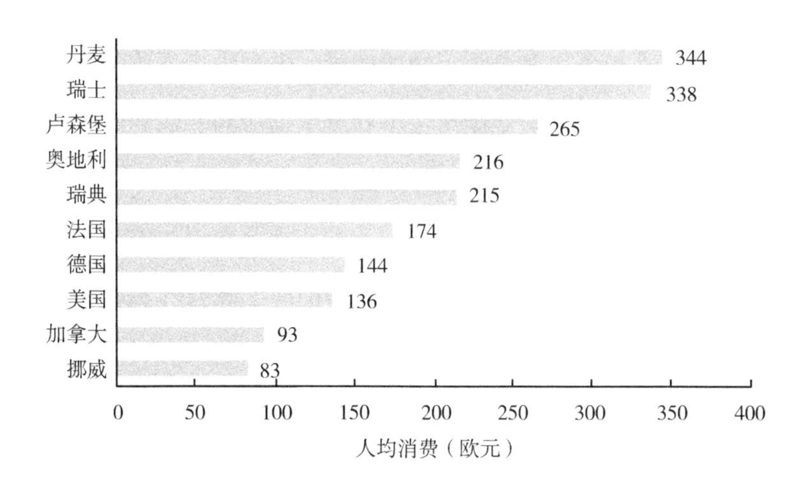

图 1-7　2019 年有机食品人均消费额最高的 10 个国家

4. 有机农业的基本原则是什么？

国际有机农业运动联盟（IFOAM）是世界最大、最权威的国际有机农业组织，成立于20世纪70年代，由来自110多个国家的700多个有机生产、加工、贸易企业、认证机构、研究机构等组成。IFOAM制定的《有机生产和加工基本标准》在世界范围内被广泛引用和认可。IFOAM认为有机农业的发展需遵循以下四项原则。

第一，健康（Health）原则。有机农业将土壤、植物、动物、人类和整个地球的健康看作一个不可分割的整体，从而加以维持和加强。在生产、加工、销售和消费中，关注从土壤微生物直到人类的整个生态系统和全部生物的健康，强调生产高质量且有营养的食品，避免使用对健康产生不利影响的肥料、农药、兽药和食品添加剂等，为预防性的卫生保健和福利事业作出贡献。

第二，生态（Ecology）原则。有机农业强调以生态平衡和循环利用为基础，在维持生产环境生态的同时实现营养和福利方面的需求。有机管理必须与当地的气候环境以及生产条件、生态、文化和规模相适应，所有参与有机产品生产、加工、销售及消费的人都应该为保护公共环境（包括景观、气候、生境、生物多样性、大气和水）作出贡献。

第三，公平（Fairness）原则。强调所有有机农业的参与者（包括生产者、加工者、分销者、贸易者和消费者）建立公平的关系，同时应根据动物的生理和自然习性来提供必要的生存条件和机会，以对社会和生态公正以及对人类子孙后代负责任的方式来利用自然和环境资源。

第四，关爱（Care）原则。对生态系统和农业生产给予充分关注，以一种有预见性和负责任的态度来管理有机农业，以保护当前人类和子孙后代的健康和福利，同时保护环境。选择合适的技术并拒绝使用无法预知其危害的转基因工程技术，以防止可能发生的重大风险。

上述四项基本原则是有机农业得以成长和发展的根基，在世界范围内被广泛接受，它有利于推动有机农业的发展，并有助于统一不同地区和国家发展有机农业的目标和愿景。

5. 什么是有机食品？有机食品有何特点？

有机食品（Organic food）是指来自有机农业生产体系，根据有机农业生产要求和相应标准生产加工，并且通过合法的、独立的有机食品认证机构认证的农副产品及其加工品。

有机食品与常规食品的区别体现在以下两方面。

第一，有机食品在其生产加工过程中绝对禁止使用化学农药、化肥、激素等人工合成物质，并且不允许使用基因工程技术；常规食品则允许有限制地使用人工合成物质，且不禁止基因工程技术的使用。

第二，生产转型方面，从生产常规食品到有机食品需要2~3

年的转换期，而生产常规食品没有转换期的要求。

因此，生产有机食品要比生产常规食品严格得多，需要建立全新的生产体系和监控体系，采用相应的病虫害防治、地力保护、种子培育、产品加工和储存等替代技术。

6. 中国海参常见种类有哪些？

海参纲（Holothuroidea）属棘皮动物门，是海洋中最常见的无脊椎动物。海参种类甚多，据统计全世界约有 900 种，但可供食用的仅有 40 余种。我国约有 140 种海参，可食用海参约 20 种左右，其中有 10 种具有较高的经济价值（表 1-1）。

目前我国开展大规模养殖的海参主要是仿刺参（*Apostichopus japonicus* Selenka），仿刺参自然分布海域为北太平洋沿岸浅海，属于温带种类，在日本、朝鲜及俄罗斯的远东沿海均有分布。在我国主要分布在辽宁的大连、绥中，山东的长岛、威海、烟台、蓬莱、青岛，河北的北戴河以及江苏的连云港平山岛等地沿海，仿刺参在我国分布的最南限是连云港的平山岛海域。

表 1-1　中国海参的主要经济种类

序号	品种	拉丁文	别名	主要产地
1	仿刺参	*Apostichopus japonicus* Selenka	刺参	辽宁、山东、河北等北方沿海
2	梅花参	*Thelenota ananas* Jaeger	凤梨参	海南岛、广东、西沙群岛等地沿海

（续表）

序号	品种	拉丁文	别名	主要产地
3	花刺参	*Stichopus herrmanni* Semper	方参、黄肉、白刺参	海南岛、广东、西沙群岛等地沿海
4	糙刺参	*Stichopus horrens* Selenka		台湾岛、海南岛、西沙群岛等地沿海
5	绿刺参	*Stichopus chloronotus* Brandt	方刺参	海南岛、西沙群岛沿海
6	蛇目白尼参	*Bohadschia argus* Jaeger	虎鱼、豹纹鱼、斑鱼	西沙群岛等地沿海
7	黑海参	*Halodeimaatra atra* Jaeger	黑参、黑狗参、黑怪参	台湾、海南岛、西沙群岛等地沿海
8	红腹怪参	*Halodeima edulis* Lesson		海南岛、西沙群岛沿海
9	黑赤星海参	*Halodeima cinerascens* Brandt	米氏参	台湾、广东中部、福建、香港、海南岛和西沙群岛等地沿海
10	辐肛参	*Actinopyga lecanora* Jaeger	黄瓜参、石参、子安贝参	西沙群岛沿海
11	白底辐肛参	*Actinopyga mauritiana* Quoyet Gaimard	白底靴参、赤瓜参	台湾南部、海南岛南部、西沙群岛和南沙群岛等地沿海
12	棘辐肛参	*Actinopyga echinites* Jaeger	红鞋参	台湾、广东、海南岛和西沙群岛等地沿海
13	乌皱辐肛参	*Actinopyga miliaris* Quoy & Gaimard	乌参、乌皱参	海南岛和西沙群岛沿海
14	黑乳参	*Holothuria nobilis* Selenka	乌圆参、大乌参	台湾、海南岛和西沙群岛等地沿海

（续表）

序号	品种	拉丁文	别名	主要产地
15	虎纹海参	*Holothuria pervicax* Selenka	虎纹参	福建南部、广东中部和西部、海南岛、西沙群岛等地沿海
16	糙海参	*Holothuria scabra* Jaeger	糙参、白参、明玉参	广东、海南等地沿海
17	米氏怪参	*Holthuria moebii* Ludwig		广东和福建南部沿海
18	棕环海参	*Holothuria fuscocinerea* Jaeger	棕环参、石参	广东、海南岛沿海
19	图纹白尼参	*Bohadschia marmorata* Jaeger	沙鱼、白鱼、白尼参	海南岛南端和西沙群岛沿海
20	荡皮海参	*Holothuria vagabunda* Selenka	玉足海参、荡皮参	西沙群岛和海南岛沿海
21	二斑布氏参	*Bohadschia bivittata*	白瓜、白乳参	西沙群岛等地沿海

7. 中国海参产业发展现状如何？

海参养殖的历史比较短，在20世纪50年代初，日本东京水产大学、东北大学的稻叶、今井等人对刺参的人工授精、发生及生物学特性等进行了一些研究，并在室内育出了小稚参。1977年，福冈县水产试验场首先用温度刺激方式获得了大量的成熟卵，取得了较好的效果，单位水体育出稚参8.6万头，并将30余万头体长7毫米的稚参放流。此后，日本的一些县水产试验场及栽培渔业中心相继开展了海参的人工育苗研究，并取得了较大进展，稚参单位水体出苗量为 10 万~20 万头/米^3（体长 1~3 毫米）。日本的长崎县、爱知县、青森县的一些渔业协会等单位对刺参的海区半人工采苗亦做了一些试验研究，取得了良好效果。同时，开展了仿刺参的人工放流及增殖场环境调查与改造工作。

我国对海参人工育苗及增养殖的研究开始于 20 世纪 50 年代初。自 1954 年开始，中国科学院海洋研究所张凤瀛教授等与河北省水产试验场共同开展了仿刺参人工育苗的研究。当时采用切开生殖腺取卵授精的方法，首先在室内育出了稚参。与此同时，对刺参的生态习性及放流增殖等进行了一些试验，获得了一定效果。后因种种原因，该项工作研究中断多年。直到 20 世纪 70 年代初，河北、山东、辽宁等省的科研部门及一些生产单位重新又开展了此项研究并取得了较大进展，在 70 年代末突破了仿刺参的人工育苗技术。国内同时又开展了梅花参、绿刺参、糙海参等育苗技术的研究。

我国海参的大规模养殖开始于 20 世纪 90 年代中后期，1995 年我国海参产量仅为 1 万吨，主要为捕捞自然海区的野生海参。2000 年以后，我国海参养殖业发展迅速，到 2020 年为止，我国海参养殖年产量已达到 20 万吨左右（图 1-8），整个产业链年产值超过 600 亿元，是世界上最大的海参养殖国。据《中国渔业年鉴》统计，我国养殖海参的产量 2000 年仅为 0.33 万吨，到 2003 年养殖海参的产量达到 4.72 万吨，2013 年为 19.4 万吨，2015 年为 20.58 万吨，2017 年全国海参产量达到最高，为 21.99 万吨。

其中，2000—2003 年 3 年内产量增加了 1339%，平均年增长 446%；2003—2013 年 10 年内增加了 3.11 倍，平均年增长 31%；2013—2017 年产量增加了 13%，平均每年增长 3%。2018 年由于高温自然灾害导致辽宁、山东、河北等地海参养殖大幅度减产，全国海参产量下降到 17.4 万吨，之后产量有所恢复，2020 年产量恢复到 19.7 万吨。

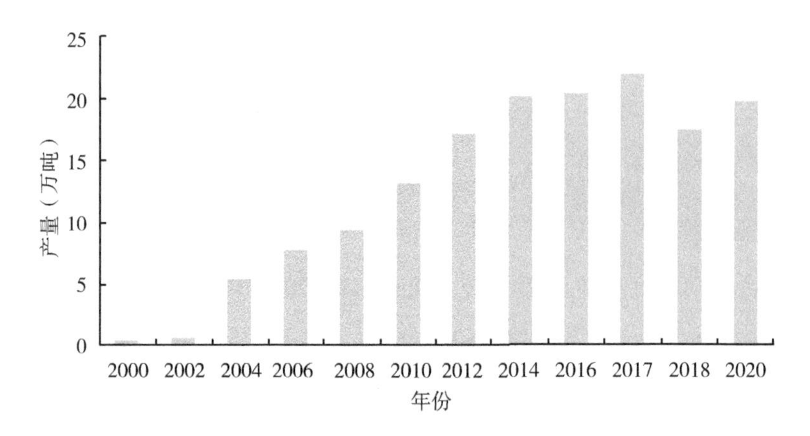

图 1-8　2000—2020 年中国海参养殖产量

目前我国海参主要养殖区域主要分布在山东、辽宁、福建、河北等地区，其中以山东省海参的产量最高，如图 1-9 所示，2017 年山东、辽宁、福建、河北的年产量分别为 9.96 万吨、8.28 万吨、2.74 万吨、0.93 万吨，分别占全国总产量的 45.29%、37.65%、12.46%、4.23%，4 个主产区的海参产量超过全国总产量的 99%。

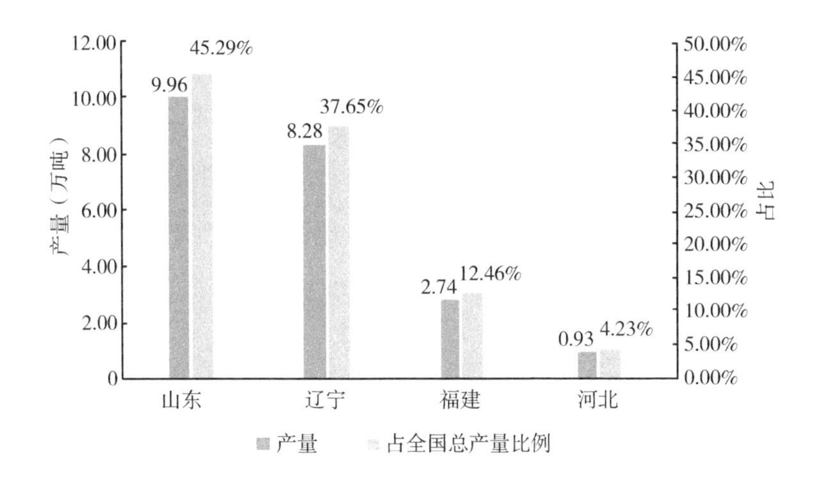

图 1-9　2017 年中国海参主产区产量

传统的海参加工主要是盐渍海参及盐干海参，随着现代科学技术水平的提高，海参加工工艺不断进步，通过新工艺和新技术保证了在加工过程中尽量避免或减少了大量活性营养物质流失。在原有工艺的基础上，淡干海参、高压即食海参、海参肽、海参口服液、海参胶囊、海参罐头等新工艺新产品的出现，进一步促进了海参产业的发展。消费者可以根据自身经济情况选择不同产品，提升了海参产品的市场空间，促进了海参产品养生保健功能的实现。

8. 什么是有机海参？

有机海参是按照有机水产养殖生产要求和相应标准生产、

加工、销售，并经过有机产品认证机构认证的海参及其加工品。

有机水产养殖是一种对生产全过程进行质量控制的保障体系，是从生态环境保护、食品安全和可持续发展的角度出发而实施的一种生产方式。它的原则是尽可能地保护并持续利用天然水域的自然生产能力，维护天然水域的生态平衡，保护水生生态环境。

有机海参养殖通过不同于常规海参养殖的生产方式，如降低养殖密度、最大限度控制饲料与化学药物等外来投入品的使用、减少疾病发生率，从而减少对自然环境的影响，增加食品安全和提高产品质量。通过有机养殖，有机海参比常规海参遭受化学污染的风险大大降低。另外，通过实行标志管理，实现有机海参从生产到餐桌全程具有可追溯性。

有机海参产品的主要类型有：①按有机食品生产要求生产的人工养殖海参；②安全无污染的野生海参；③以有机海参为原料加工的海参加工产品。

9. 有机海参相对于常规海参有哪些特点？

有机海参相对于常规海参在环境、生产、加工和销售环节都有更加严格的要求，具有下列特点。

一是有机海参的产地要求选择在生态条件良好、远离各种污染源、水质条件好、持续符合相关标准要求的生产区域。具体来说，要求有机海参生产基地必须符合 GB/T 19630《有机产品　生产、加工、标识与管理体系要求》对基地环境质量的要求，有机海参生产基地水质应符合 GB/T 11607《渔业用水水质标准》的要求。

二是生产过程中强调采用内部物质、能源不断循环和再利用的方式；强调采用生态自然调控、农业技术措施和物理方法等方式控制病虫害；生产过程中强调采用有益生态环境技术，降低资源消耗，减少生产对海水环境污染等问题。

三是注重对生产、加工和销售等环节的全过程控制，要求可全程追溯。有机海参生产坚持苗种、养殖、收获、加工、销售全程的质量安全控制，要按照相关的标准和规范进行操作，并对每个步骤进行详细的记录。记录内容包括投入物、原料的收获、加工产品的质量和数量、产品的流转和废弃物的处理等，产品具有可追溯性。

四是实行认证和标志管理。有机海参必须通过国家认监委①批准的具有有机产品认证资质的认证机构，按照 GB/T 19630《有机产品　生产、加工、标识与管理体系要求》和相关规则进行认证，并在产品最小销售包装上加施中国有机产品认证标志及其唯一编号、认证机构名称或标识，才能在市场上进行销售。

10. 有机海参开发的市场前景如何?

海参具有极高的营养价值，高胶原蛋白、低脂肪，富含各种

① 国家认证认可监督管理委员会，全书简称国家认监委。

人体必需氨基酸、维生素、必需脂肪酸以及常量和微量元素。氨基酸是合成蛋白质的物质基础，具有极高的营养和药用价值，海参富含人体必需氨基酸。海参体内含有维生素 A、维生素 B_1、维生素 B_2、维生素 B_6、维生素 D、维生素 E 和维生素 K。海参中必需脂肪酸种类齐全，如亚油酸、亚麻酸、十二碳五烯酸（EPA）、二十二碳六烯酸（DHA）等。必需脂肪酸对于增强人体免疫及人脑机能具有重要作用。海参体内富含人体必需的常量和微量元素，其中，微量元素铁、锌含量明显较高。铁是参与构成血红蛋白的重要组分。锌是人体中 200 多种含锌酶的组成成分，在核酸和蛋白质代谢中有着重要的作用，尤其与脑及智力的发育有着密切的关系。同时，海参含海参酸性黏多糖、海参皂苷等特殊活性物质，对于提高人体免疫力等方面具有重要作用。

我国很早就有食用海参滋补身体的习俗，最早有关海参的记载见于三国吴国沈莹的《临海水土异物志》："土肉正黑，如小儿臂，长五寸，中有腹无口目，有三十足，炙食。"其中"土肉"即指海参，清楚地记载了海参的形状、大小、颜色、身体特征、棘的数目及食用方法。到了晋朝，海参一跃成为宴席之珍品，郭璞的《江赋》中将"土肉"和"江珧柱""石华"等名贵食品相提并论。明代，海参被列入皇室贡品和御膳中，《五杂俎》记载："海参，辽东海滨有之，一名海男子……其性温补，足敌人参，故名海参。"此后记载渐多，如《闽小记》《本草从新》《调疾饮食辩》《清稗类钞》等均有所记载。清代后期将海参收入"八珍"之中。

在20世纪90年代中期以前，主要是依靠采捕自然海域中的野生海参，产量较低，年产量不足1万吨，同时，海参价格较贵，主要是高档饭店及收入较高的群体食用。2000年以后，海参产量不断增加，海参的价格也不断下降，同时，随着人民收入水平的提高以及保健意识的提高，现在海参已经走入普通家庭，成为滋补佳品。目前海参整个产业链的年产值已经达到600亿元以上，成为我国年产值较高的水产品之一。此外，我国每年尚需从日本、韩国、俄罗斯、美国、澳大利亚等国进口一定数量的海参补充国内市场。

海参的产品形式也不断多样化，传统的产品只有盐渍海参、干海参等，食用不方便。如今出现了即食海参、海参肽、海参胶囊等新的产品形式，方便了人们食用。随着加工产业的发展和对食品安全及生态环保意识的增强、有机理念和生活方式不断深入人心、中国经济的持续健康发展，为有机食品消费提供了坚实的基础，有机海参也成为越来越多人民群众的消费选择。

11. 有机海参开发现状如何？

国内海参养殖起步较晚，但发展迅速，产量从2000年的0.33万吨发展到2020年的19.7万吨，整个产业链年产值超过600亿元，是世界上最大的海参养殖国。有机海参生产标准高、难度大，对生产者来说，要具备相应的规模和实力，还要对有机理念和标准有深入的理解认识。因此，与其他品类的有机企业相比，有机海参养殖企业数量较少，种类也不多。2019年，我国共颁发有机海参证书 37 张，占到全部有机水产品证书量的 7%左右。有机海参认证产品以高压即食海参、淡干海参、盐渍海参为主。

虽然有机海参企业和证书数量较少，但呈现出大企业、知名企业多的特点，在行业内起到引领示范带动作用。以有机海参具有较强优势的大连市为例，全国知名品牌棒棰岛、海晏堂、鑫玉龙、上品堂等均通过了中绿华夏有机产品认证中心开展有机认证，其中，鑫玉龙还成为中国绿色食品发展中心认定的全国第一家“有机农业一二三产融合发展示范园”。

12. 有机海参生产应遵循什么标准？

从 20 世纪 90 年代起，各国开始完善有机农业和有机食品的相关立法工作。欧盟于 1991 年 7 月颁布了有机农产品生产法（EU2092/91）及其补充条款，规范了欧盟内部及进口有机食品的生产、加工、标识。随后，美国和日本也分别于 1997 年和 2000 年出台了本国的有机法规和标准。

随着有机产业的发展，国家质检总局[①]和国家标准委[②]于 2005 年 1 月 19 日正式发布 GB/T 19630—2005《有机产品》国家标准，并于 2005 年 4 月 1 日起正式实施。GB/T 19630—2005《有机产

① 中华人民共和国国家质量监督检验检疫总局，全书简称国家质检总局。2018 年国务院机构改革，将国家质检总局的职责整合，组建中华人民共和国国家市场监督管理总局，不再保留国家质检总局。

② 国家标准化管理委员会，全书简称国家标准委。

品》由四部分组成，是一个通用型标准，适用于在该标准所定义的所有有机产品（包括水产养殖）。标准是实施有机产品生产和加工的指导原则，不仅规范了有机产品生产加工过程、技术要求、生产资料等，而且也对生产者、管理者的行为进行了规范；不仅提出了产品质量应该达到的标准，而且为促进产品达标提供了先进的生产方式和生产技术指导。

2011 年，国家认监委根据形势发展变化，在对我国有机产品标准需求充分调研的基础上，完成了 GB/T 19630—2005《有机产品》的修订工作，GB/T 19630—2011《有机产品》于 2012 年 3 月 1 日起正式实施。2014 年国家标准委发布公告，又以修改单的形式对 GB/T 19630—2011《有机产品》进一步修改，主要修改内容是取消了有机转换标志等，GB/T 19630—2014《有机产品》于 2014 年 4 月 1 日起实施。2019 年，国家标准委又对其条款及相关内容进行了修订，GB/T 19630—2019《有机产品　生产、加工、标识与管理体系要求》于 2020 年 1 月 1 日起实施。目前我国有机海参生产依据该标准。

13. 什么是有机认证？为什么要进行有机海参认证？

认证是指由认证机构证明产品、服务、管理体系符合相关技术规范的要求或者标准的合格评定活动。认证分为自愿性认证和强制性认证两种，按认证对象分为体系认证和产品认证等，有机产品认证属于自愿性产品认证范畴。

如果从外观上看，很难识别有机海参和常规海参，有机海参生产保护环境和质量安全的价值不能通过其最终产品直观地反映出来。因此，通过第三方认证机构对有机海参生产过程和最终产品的认证，并且采用特定标志以区别常规产品，可以起到维护生产者和消费者权益、体现有机海参生产过程和产品质量的作用。

国际上权威的有机食品认证机构有日本的JONA与OMIC、英国的SA（Soil association）、法国的ECOCERT、德国的BCS、澳大利亚的ACO与NASAA等。国内经国家认监委批准的有机产品认证机构已达90多家，比较权威的有中绿华夏有机产品认证中心（COFCC）、中国质量认证中心（CQC）、南京国环有机产品认证中心（OFDC）等。

14. 中国有机海参认证的依据、范围和程序是什么？

我国有机产品认证是根据《中华人民共和国认证认可条例》的规定进行，主要认证依据是国家质检总局和国家认监委发布的《有机产品认证管理办法》《有机产品认证实施规则》和GB/T 19630—2019《有机产品　生产、加工、标识与管理体系要求》3个文件。

有机产品认证范围主要是根据国家认监委发布的《有机产品认证目录》，只有列入这个目录的产品才能够进行有机产品的认证。目前目录中收录了包括水产类在内的植物、食用菌、畜禽等46个产品类别，共涉及1 136种产品。《有机产品认证目录》是动态的，每年进行 1~2 次增补/修订，使用时可以到国家认监委官网上查询。

有机海参认证流程见图 1-10。

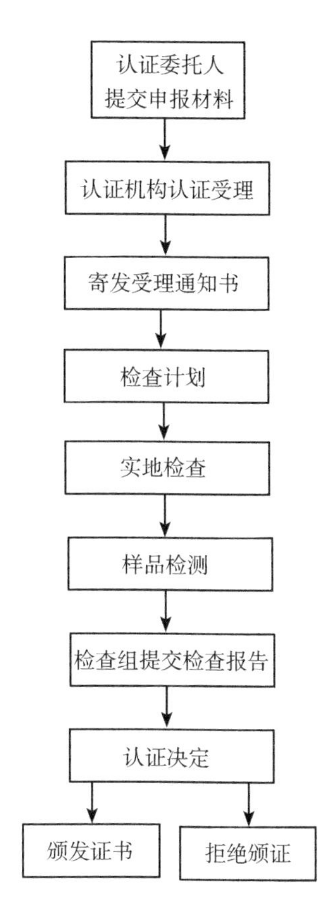

图 1-10 有机海参认证流程

15. 中国有机海参开发有哪几种模式？

目前我国有机海参开发的主要模式有公司型、公司+基地+农户型等模式。

（1）公司型

目前有机海参生产主流模式是公司自行开发有机海参。有机海参基地、包装储运加工及销售体系、产品品牌与企业标准均为公司自有，建有一套有机海参管理体系，直接申请有机产品认证。这种模式优点是以市场为导向，产销灵活，有机海参经营理念易于贯彻，便于管理，一体化经营，产品质量较稳定，货源有保障，经济效益较好；难点是投资开发成本高，投资时间长，规模难以做大。

（2）公司+基地+农户型

由于有机海参生产是一个系统工程，需要一定资金、一定的生产规范和一定的生产管理模式才能运行，而以小养殖户为主的海参个体经营者不适合进行有机海参开发。为了开发有机海参生产，一些小农户自愿逐步向海参生产大户、企业靠拢，形成“公司+基地+农户”和有机海参专业合作社等集约化生产经营模式，通过契约把广大养殖户组织起来，统一标准、生产、加工、管理、营销、认证，发挥当地整体优势，提高市场竞争能力，促进产业化发展。公司根据贸易的需要与生产者签订供货合同，由公司申请有机海参认证。这种模式由生产企业作为主体，联合一批海参养殖者。它的优点是能组织较多的有机海参生产者，容易扩大规模，满足大批量供货的需求，形成区域效应，带动一方经济的发展。这种模式申请有机食品认证的公司要有较强的组织能力，统一管理生产者，各生产者执行同样的操作规程，按同一个标准加工，做到各基地生产协调一致。

16. 中国在有机食品开发方面有哪些政策支持？

有机产业以保护生物多样性和生态环境、促进农业持续发展、保障食品安全为发展目标，因此有机产业的发展符合我国农村产业结构调整政策，得到了各级政府的支持。

国家层面：中共中央、国务院以及党和国家领导人在多次重要文件、讲话中，特别是每年发布的中央一号文件中强调发展有机农业的重要性，并大力支持有机生产基地建设和有机产业的发展。例如，2010 年中央一号文件《中共中央　国务院关于加大统筹城乡发展力度，进一步夯实农业农村发展基础的若干意见》要求“加快农产品质量安全监管体系和检验检测体系建设，积极发展无公害农产品、绿色食品、有机农产品”；《国务院关于支持农业产业化龙头企业发展的意见》（国发〔2012〕10 号）中明确指出“支持龙头企业开展质量管理体系和无公害农产品、绿色食品、有机农产品认证”。2017 年 3 月农业部印发《“十三五”全国农产品质量安全提升规划》，大力推进“三品一标”发展，因地制宜发展有机农产品。2017 年年底，中共中央办公厅、国务院办公厅印发《关于创新体制机制推进农业绿色发展的意见》，成为发展绿色有机农业的根本遵循。2018 年中央一号文件《关于实施乡村振兴战略意见》强调提升农业发展质量，坚持质量兴农、绿色兴农，加快实现由农业大国向农业强国转变。国家发展改革委[①]牵头编制《乡村振兴战略规划（2018—2022年）》，将绿色有机农业作为推动农业高质量发展的重要内容。2021年中央一号文件也对发展有机农产品提出了相关要求。习近平总书记在近年多次讲话、考察、座谈中均指出，要针对性地发展有机农畜产品。

相关部委：与有机产业相关的中央各部委陆续制定并出台了一些促进有机产业发展的政策。环境保护部[②]的支持政策主要侧重于如何保护和做好生态环境、建设有机食品生产基地，2013年将有机种植面积的比重纳入国家生态文明建设试点示范区指标中，这一评价体系有利于地方政府积极主动地发展有机产业；农业部将有机农产品纳入农产品质量安全和品牌建设中，侧重有机农产品基地建设和国内外市场的拓展；科技部[③]主要在“科技富民强县专项行动计划”中，支持在优势区域将特色农产品进行有机产业化开发的项目，对这些项目予以支持；国家质检总局（包括国家认监委）主要是建立国际通行的有机产品认证认可体系，在此基础上进一步持续支持有机产业发展，开展“有机产品认证示范区”创建活动；商务部[④]积极服务企业，扩大农产品出口和开展有机食品的国内市场。

① 中华人民共和国国家发展和改革委员会，全书简称国家发展改革委。

② 中华人民共和国环境保护部，全书简称环境保护部。2018年国务院机构改革，撤销环境保护部。

③ 中华人民共和国科技部，全书简称科技部。

④ 中华人民共和国商务部，全书简称商务部。

地方政府：为促进有机农产品的快速发展，各地方政府也纷纷出台推动绿色食品、有机农产品发展的支持政策。如内蒙古、广西、宁夏等自治区将有机农业列入自治区品牌农业（特色农业）发展规划，明确任务措施；从政策出台的时间看，基本上从2000年开始，尤其是2005年我国正式发布有机产品国家标准后，各地方有机产业发展支持政策呈现逐年增加的趋势。这些支持政策从形式上可以划分为资金直补、技术支持、金融导向和绩效考核四种类型，其中资金直补型政策的刺激作用最直接也最明显，目前为绝大多数地方政府所采用，黑龙江、辽宁、江苏、安徽、上海、重庆等省（市）对有机农业项目的认证费、产品环境检（监）测费用给予财政补贴；海南省政府出台支持品牌农业发展政策，对发展有机认证的首个产品奖励企业30万元。前些年，有机农业推动主要在县、市级。近几年，具有资源和环境优势的省一级政府对有机农业发展重视程度逐渐增加。如2018年云南省提出“打造一流绿色食品省”，其工作中很重要的组成部分就是发展有机农业，认证有机产品。青海省在2018年与农业农村部签署省部共建协议，要把青海省打造成全国优质绿色有机农畜产品输出基地。此外，河北省、江西省、黑龙江省、安徽省等也纷纷出台相关政策、采取相关措施，推动辖区内有机农业发展。

第二章　有机海参基地建设

17. 怎样选择有机海参基地？

有机食品海参生产基地必须符合 GB/T 19630—2019《有机产品生产、加工、标识与管理体系要求》对基地环境质量的要求，为无工业、农业和生活污染的海区。场址应远离造纸厂与设施、农药厂、化工厂、石油加工厂、码头等有污染水排出的工厂与设施，并应避开产生有害气体、烟雾、粉尘等物质的工业企业。具体要求如下。

第一，海区无大量淡水注入，海区盐度 23‰～36‰，温度 -2.0～32℃，pH 值 7.6～8.4，溶解氧大于 3.5 毫克/升。

第二，育苗场地的选择应从海参的生态学和生物学、地理及水文条件、社会环境等各方面综合考虑，最好建于风浪较小的内湾，无浮泥，混浊度较小，透明度大。场区交通便利，尽可能靠近养成场。

第三，有机海参增殖区宜选择在避风的湾口、内湾和浅海，水深3~40米。潮流通畅，流速缓慢，最好有涡流的场所。水深10~40米的区域应投放人工礁体。底质一般是有大型海藻的岩礁或沙泥底质。

第四，常见的海参养殖方式包括池塘养殖、围堰养殖、底播增殖、网箱养殖、吊笼养殖、工厂化大棚养殖，根据GB/T 19630—2019《有机产品　生产、加工、标识与管理体系要求》以及现有海参养殖技术，宜采取池塘养殖、围堰养殖、底播增殖的方式开展有机海参增养殖。围堰养殖、底播养殖的方式水域环境好，养殖面积大，自然条件好，池塘养殖可以设置有效隔离带，所以适合开展有机海参养殖。网箱养殖、吊笼养殖、工厂化大棚养殖三种养殖方式，因养殖密度大、无法设置有效隔离带/隔离区域、需要长期/不定期进行投饵、疾病发生概率较高等原因，不适合开展有机海参养殖生产。

18. 有机海参生产基地对环境有何要求?

有机海参生产基地水质应符合GB/T 11607《渔业用水水质标准》(表2-1)的要求，标准规定了渔业用水水质标准、水质监测分析方法等。

表2-1　渔业用水水质要求

项目	标准值
色、臭、味	不得使鱼虾贝藻类带有异色、异臭、异味

（续表）

项目	标准值
漂浮物质	水面不得出现明显油膜或浮沫
悬浮物质	人为增加的量不得超过 10 毫克/升，而且悬浮物质沉淀于底部后，不得对鱼虾贝类产生有害的影响
pH 值	淡水 6.5~8.5，海水 7.0~8.5
溶解氧	连续 24 小时中，16 小时以上必须大于 5 毫克/升，其余任何时候不得低于 3 毫克/升，对于鲑科鱼类栖息水域冰封期其余任何时候不得低于 4 毫克/升
生化耗氧量（5 天、20℃）	不超过 5 毫克/升，冰封期不超过 3 毫克/升
总大肠菌群	不得超过 5 000个/升（贝类养殖水质不超过 500个/升）
汞	≤0.000 5 毫克/升
镉	≤0.005 毫克/升
铅	≤0.05 毫克/升
铬	≤0.1 毫克/升
铜	≤0.01 毫克/升
锌	≤0.1 毫克/升
镍	≤0.05 毫克/升
砷	≤0.05 毫克/升
氰化物	≤0.005 毫克/升
硫化物	≤0.2 毫克/升
氟化物（以氟计）	≤1 毫克/升
非离子氨	≤0.02 毫克/升
凯氏氮	≤0.05 毫克/升

（续表）

项目	标准值
挥发性酚	≤0.005毫克/升
黄磷	≤0.001毫克/升
石油类	≤0.05毫克/升
丙烯腈	≤0.5毫克/升
丙烯醛	≤0.02毫克/升
六六六（丙体）	≤0.002毫克/升
滴滴涕	≤0.001毫克/升
马拉硫磷	≤0.005毫克/升
五氯酚钠	≤0.01毫克/升
乐果	≤0.1毫克/升
甲胺磷	≤1毫克/升
甲基对硫磷	≤0.0005毫克/升
呋喃丹	≤0.01毫克/升

19. 怎样规划有机海参基地？

海参的生产周期比较长，因此只有合理规划生产基地，才能为有机海参提供良好的生产条件，建设有机海参生产基地首先必须符合GB/T 19630—2019《有机产品　生产、加工、标识与管理体系要求》对基地环境质量的要求，远离城市、工业区、城镇、居民生活区和交通主干线，防止城乡垃圾、灰尘、废水、废气及过多人为活动污染基地，特别应注意远离污水排放口等可能对海区水质造成污染的区域，避免因海水污染对有机海参的生产造成影响。

生产区域应清除杂物、杂草，进排水系统合理畅通，设置必要的人工海参礁，池塘养殖应单独设置进水口和排水口，合理设置进水口和排水口位置，避免排出的水直接进入养殖区；进水口、排水口应设置拦截垃圾进入的设施和防止海参逃脱的设施；应严格划分生产区、生活区和办公区。生产区与原料仓库、成品仓库严格分开，以最大限度减少产品污染的风险。

有机海参基地应远离常规农业生产及常规海参养殖区域，设置合理的隔离距离，以保证有机海参基地不受到污染，进行有机海参生产的海域水质应符合规定要求。

20. 怎样维护和管理有机海参生产基地？

为了确保有机海参生产正常运行，防控病虫害发生，必须认真做好基地环境的维护和管理。

第一，生产场地应清洁干净，清除杂物、杂草，排水系统畅通，厂区地面平整，不积水、不起尘，保持环境卫生。

第二，生产基地布局符合工艺要求，严格区分污染区和洁净区，以最大限度减少产品污染的风险。

第三，生产区和原料仓库、成品仓库、生活区严格分开。

第四，应定期对基地所处海域的海水水质进行监测，以保证海水水质能够满足有机海参的生产。

21. 什么是平行生产？怎样管理存在平行生产的海参基地？

平行生产（Parallel production）是指在同一生产单元中，同时生产相同或难以区分的有机、有机转换或常规产品的情况。根据 GB/T 19630—2019《有机产品　生产、加工、标识与管理体系要求》的要求，在同一个生产单元（基地）中可同时生产易于区分的有机或非有机产品，但该单元（基地）的有机或非有机生产部分（包括地块、生产设施或工具）应能够完全分开，并能够采取适当措施避免与非有机产品混杂或被禁止物质污染。按照 GB/T 19630—2019 中 4.6.1 的规定，位于同一非开放性水域内的生产单元的各部分不应分开认证，只有整个水体都完全符合本标准后才能获得认证。若一个生产单元不能对其管辖下的各水产养殖水体同时实行转换，则应制订严格的平行生产管理体系。该管理体系应满足下列要求：①有机和常规养殖单元之间应采取物理隔离措施；对于开放水域生长的固着性水生生物，其有机生产区域应和常规生产区域、常规农业或工业污染源之间保持一定的距离；②有机生产体系的要素应该能被检查，包括但不限于水质、饵料、药物等投入品及其他与标准相关的要素；③常规生产体系和有机生产体系的文件和记录应分开设立；④有机转换养殖场应持续进行有机管理，不应在有机和常规管理之间变动。

22. 什么是有机食品生产转换期？有机海参生产转换期有哪些需注意的问题？

转换期（Conversion period）指按照 GB/T 19630—2019《有机产品　生产、加工、标识与管理体系要求》规定从开始实施有机生产至生产单元和产品获得有机认证之间的时段。根据 GB/T 19630—2019 规定，由常规生产向有机生产发展需要经过转换，经过转换期后的产品才能作为有机产品销售。生产者在转换期内应按照 GB/T 19630—2019 的要求进行管理。根据 GB/T 19630—2019 中 4. 6. 1. 1 的规定，不同作物、畜禽水产品转换期要求不同，对于大部分有机海参养殖来说采取非开放性水域养殖，其从常规生产过渡到有机生产至少应经过 12 个月的转换期。

第三章　有机海参生产苗种培育及其管理

23. 有机海参苗种培育种参有什么要求?

有机海参苗种培育的种参，应选自符合有机海参生产的池塘或者海区，符合 GB/T 32756—2016《刺参　亲参和苗种》的以下相关要求。

亲参来源：从自然海区或者池塘采捕的发育良好的海参，宜采用各级原良种场提供的亲参。

质量要求：人工养殖的亲参体重应大于 200 克，野生海区的亲参体重应大于 250 克。

伤残情况：体表正常，无伤残、无排脏。

24. 有机海参人工苗种培育分为哪些方式?

有机海参苗种培育主要有室内工厂化人工育苗、池塘网箱生态育苗及海区网箱生态育苗3种方式。

25. 有机海参室内人工苗种培育技术是怎样的？

（1）种参的采捕

应在其产卵盛期前7～10天，即当海水温度达到15～17℃时采捕为宜。如用于人工促熟，可提早采捕。

（2）种参的蓄养

一般蓄养密度控制在10～20头/米^3，不应超过50头/米^3。蓄养期间，一般不投饵料，光照应控制在500勒克斯以下。如果短时间蓄养达不到产卵的要求，应采用控温培养并应适当投喂饵料，饵料应符合GB/T 19630—2019《有机产品　生产、加工、标识与管理体系要求》等相关规定的要求。

（3）种参的人工促熟

在未到自然成熟期时就提前采捕亲参，用人工培育的方法促使海参性腺提前发育成熟，亲参一般提前2～3个月采捕入池。促熟过程中要按照产卵时间有计划地升温，在暗光条件下，日升温0.5～1.0℃，当水温升至15～16℃时，进行恒温饲育，投饵量约为鲜体重的5%～7%（干饵重），饵料来源及质量应符合相关规定的要求。根据不同温度下的摄饵量以及亲参的摄食情况进行调整，准备采集配子进行人工授精前一周应停止喂食。种参性腺发育至成熟期前所需积温应在800℃以上。

（4）人工刺激采卵

在 17 时左右将亲参阴干 40~50 分钟，之后用强流水冲击 10~20 分钟，或流水冲击 40~50 分钟，再加入升温海水，升温幅度 3~5℃。经上述刺激的种参，多在 19—21 时开始排放精、卵。一般雄性亲参先排精，此后雌、雄亲参同时大量排放精、卵。种参在排放前多数爬到水池上沿，精、卵由生殖孔排放时，头部举起并摇晃。精子排出呈白色的连续细线状，后呈烟雾状散开；卵子排出呈橙红色短线状，很快散开呈颗粒状。应注意将池内雄性种参及时捞出，防止产卵池精子过多影响授精的质量。

（5）孵化

产卵结束后将种参全部捞出。如果产卵池内精液过多时，应在受精卵全部沉到池底后，将上中层水放掉，洗卵 1~2 次，洗卵必须是在卵充分沉底后、胚体尚未转动前进行。如胚体已经开始上浮转动，则不能再进行洗卵。受精卵孵化密度应控制在 5~10 个/毫升左右，如密度过大应及时进行分池。孵化水温一般控制在 18~22℃。为避免受精卵过分堆积于池底，通常每隔 30~60 分钟用搅拌耙上下搅动池水一次，使受精卵在孵化池中处于悬浮状态，提高孵化率。

（6）浮游幼体选育

当浮游幼体发育至原肠后期或小耳状幼体时，把浮于池内水上中层的健壮幼体选入培育池。应注意掌握选育时机，避免因孵化密度过大而缺氧，影响浮游幼体的生长发育。选育方法主要包括拖网法、虹吸法、浓缩法，在实际生产中主要采取浓缩法。

（7）浮游幼体培育

培育密度：一般培育密度为0.1～0.5个/毫升，培育密度过大时，幼体的生长发育及变态都会受到影响。

水质控制：幼体选育至培育池时，池水水位一般为1/2水体，3～5天加满水后开始换水，换水量一般应为水体的1/4～1/3。水质条件良好、培育水温22℃左右时，也可在投放附着基前不换水，这样可避免浮游幼体因换水造成机械损伤而减量。

饵料投喂：浮游幼体培育期主要适宜饵料有盐藻（*Dunaleilla euchlaia*）、湛江叉鞭金藻（*Dicrateria zhanjiangensis*）、等鞭金藻（*Isochrysis galbang*）、小新月菱形藻（*Nitzschia closterium*）、牟氏角毛藻（*Chaetoceros muelleri*）、三角褐指藻（*Phaeodactylum tricornutum*）等，也可以选择投喂冷冻的浓缩藻、海洋红酵母、酵母粉等。

在实际的育苗过程中，应根据幼虫的密度、摄食情况、幼体胃的饱满程度、投饵前水中的剩余饵料量等因素综合考虑，来确定实际投饵量，并根据实际情况随时增减饵料的投喂量。切记饵料投喂量不可太大，以免幼体摄食太多而导致烂胃。同时，应特别注意的是饵料质量一定要保障，培养时间过长的老化饵料，原生动物感染严重的饵料不宜投喂。

（8）附着基的选择与投放时机

目前海参使用的附着基一般有两种：透明聚乙烯波纹板及聚

乙烯网片。附着基的投放适宜时间为大耳状体后期，在出现球状体和少部分（20%左右）樽形幼体时，投放附着基较为适宜。

（9）稚参、幼参培养

稚参、幼参阶段培育池中残饵、粪便产生的较多，可通过换水、倒池、设施设备的消毒灭菌、控制饵料投喂量、投放水质改良剂和微生态制剂的协调使用来改善水质，饵料、水质改良剂、微生态制剂的使用应符合有机产品生产的相关规定。

饵料原料主要是海泥及大叶藻等大型藻类，海泥及大型藻类的来源应符合有机产品产地及质量相关要求，具体投喂量要结合残饵及排便情况，进行适当调整。

培育期间，经常进行倒池和筛选，并要定期更换附着基。

26. 有机海参池塘网箱生态育苗有哪些技术要点？

有机海参池塘网箱生态育苗主要是将在室内培育到一定规格的稚幼参投放到池塘网箱中培育至大规格苗种。

（1）池塘的选择

池塘的水深一般应在 1.5 米以上，可自然纳潮，池塘的要求具体见第二章中“17. 怎样选择有机海参基地”。

（2）网箱及附着基

网箱应根据投放的苗种规格选择 20~40 目筛绢网或 8 目聚乙烯材料网衣制成。网箱一般设置在正方形或者长方形，长、宽、高根据池塘而定，根据池塘面积及水深设置网箱，在池塘水位最低时网箱底部距离池塘底部 20 厘米以上，以避免网箱与池底接触损坏网箱。

附着基可采用室内育苗的成串网片附着基，也可以采用波浪形附着基。

（3）苗种

苗种质量：苗种质量应符合 GB/T 32756—2016《刺参　亲参和苗种》相关规定。

苗种规格：可根据生产需要投放 0.2 万～10 万头/千克的稚参、幼参。

投苗密度：苗种投放密度可根据苗种规格不同适当调整，一般苗种规格为 1 万～10 万头/千克时，投苗密度为 4 000～6 000 头/米^3 左右；苗种规格为 0.2 万～1 万头/千克时，投苗密度为 1 000～2 000头/米^3 左右。

（4）日常管理

应每天巡视池塘及网箱，检查网箱的透水性，保持网箱内外的水流交换，如水流不畅应及时清理或更换网箱，及时清除网箱中的杂物。

在夏季高温期以及光照过强时可在网箱上加盖遮阳网，避免阳光直射，影响海参幼体正常生长。

应每天监测池塘的水质、底质，根据情况适时做好池塘的进排水等日常工作。

根据网箱中稚幼参的生长情况，及时调整苗种的密度。

27. 有机海参海区网箱苗种培育的生产工艺是怎样的？

（1）海区选择

选择潮流平缓、水质清澈的内湾，海区环境符合 GB/T 19630—2019《有机产品　生产、加工、标识与管理体系要求》，并且低潮时水深不低于 7 米，保证网箱底部不接触海底。

（2）产地环境要求

养殖地应生态环境良好，没有或不直接受工业“三废”及农业、城镇生活、医疗废弃物污染的水（地）域。

养殖地区域内及上风向、灌溉水源上游，没有对产地环境构成威胁的污染源（包括工业“三废”、农业废弃物、医疗机构污水及废弃物、城市垃圾和生活污水等）。

底质无工业废弃物和生活垃圾，无大型植物碎屑和动物尸体。底质无异色、异臭，自然结构。底质有害有毒物质最高限量应符合表 3-1 的规定。

表 3-1　底质有害有毒物质最高限量

（单位：毫克/千克）

项目	指标（湿重）
总汞	≤0.2
镉	≤0.5
铜	≤30
锌	≤150

（续表）

项目	指标（湿重）
铅	≤50
铬	≤50
砷	≤20
滴滴涕	≤0.02
六六六	≤0.5

（3）网箱设置

网箱规格一般为长5米×宽5米×高4米，浮漂根据水流、风浪情况等适当增加。采用打桩等方式固定好培育网箱和浮架。网箱采用40目、200目尼龙筛绢制作双层网，在适宜时机除掉200目网。

（4）产卵及孵化

种参在网箱中自然产卵排精，精、卵随海水运动自然受精。网箱中受精卵密度达到孵化密度（0.4~0.6个/毫升左右）时，将种参移出。

在自然环境下中孵化，孵化水温18~25℃，盐度28‰~32‰，溶解氧在5毫克/升以上，pH值7.8~8.5。

（5）幼体培育

幼体的培育密度以0.3个/毫升左右为宜。以环境中天然饵料为主，如网箱中幼体较多而饵料不足时，应根据幼体的密度、摄食情况等因素适当补充投喂海洋红酵母、酵母粉、浓缩单胞藻、硅藻膏等。培育期间温度、盐度、溶氧等条件参照孵化条件；网箱上面遮盖黑色遮阳网，防止强光照射。

（6）附着期及稚参、幼参管理

在大耳幼体后期，发现有幼体变态为樽形幼体时，及时将附着基吊挂在培育网箱内。附着基一般选用规格为40厘米×25厘米的40目聚乙烯网袋，投放密度约50袋/米^3。

稚参培育网箱上面应遮盖黑色遮阳网，防止强光照射。饵料主要是以海区中的底栖硅藻、有机颗粒等天然饵料为主，当天然饵料不足时可适当补充当地海域含底栖硅藻的活性海泥和鼠尾藻等大型藻类的磨碎液。

28. 有机海参苗种有什么要求？

有机海参的苗种应体表干净无损伤、活力强、体态伸展、肉刺坚挺、对外界反应灵敏、体色亮泽、受到刺激后收缩有力、管足附着力强。苗种的来源、规格合格率、畸形率、伤残率、安全要求等质量要求应符合GB/T 32756—2016《刺参　亲参和苗种》的相关要求。

29. 有机海参苗种培育有哪些注意事项？

第一，种参的规格与质量直接关系到苗种生产的成败，是能否育苗成功的关键因素，应严格把控种参选择标准，保障种参来源符合有机海参生产要求，种参质量符合苗种生产要求。

第二，在育苗期间水质好坏是影响育苗效果的重要因子之一。因此保障海水来源符合有机产品及渔业生产相关标准要求，适时检测育苗池水质状况，发现问题及时采取措施。

第三，育苗各阶段适宜的饵料品种、投喂量、培育密度、培育水温等，是影响海参人工育苗生长及成活的重要因子。应及时监测，饵料应符合有机产品相关标准。

第四，加强及掌握育苗各阶段的病害防控措施及方法，以预防为主，防控结合。

第五，育苗期间的饲育管理及措施要严格按照相关操作规程执行。建立、建全安全生产规章制度，提高企业员工综合素质与技能。增强员工责任心，避免人为造成不必要的损失。

第四章　有机海参生产投入品及其管理

30. 有机海参生产投入品有哪些?

有机海参生产投入品主要包括苗种、水、饵料、消毒剂、生态制剂及病虫害防治用药等。苗种已在第三章进行了详细介绍,本章将对养殖过程中其他投入品进行介绍。投入品种类和质量直接影响有机海参产品的产量和质量,因此,严格选择和控制投入品使用对于有机海参生产至关重要。

31. 怎样选择有机海参生产原料?

根据有机产品的生产标准,有机海参生产的投入品首先应遵循以下 4 个原则。

(1) 环境保护的原则

海参生产中选择并使用的投入品,不应该对生态环境产生影响或造成污染。

（2）有利于人类健康的原则

海参生产中选择的投入品不应该具有致癌、致畸或致突变作用和神经性毒性。

（3）自然产物利用原则

有机海参生产投入品不应为化学合成品，一般来源于：①有机物（植物、动物、微生物）；②矿物和等同于天然物质的化学合成物质。

（4）遵循有机食品标准的原则

有机海参生产投入品质量应符合 GB/T 19630—2019《有机产品　生产、加工、标识与管理体系要求》的要求，并不得使用该标准规定的禁用物质。海参生产中选择并使用的投入品，不应该直接或间接影响产品质量。

GB/T 19630—2019 中 4. 6. 5. 5 规定不应在饵料中添加或以任何方式向水生生物投喂下列物质：合成的促生长剂、合成诱食剂、合成的抗氧化剂和防腐剂、合成色素、非蛋白氮（尿素等）、与养殖对象同科的生物及其制品、经化学溶剂提取的饵料、化学提纯氨基酸、转基因生物或其产品。

32. 有机海参生产对饵料有什么要求？

GB/T 19630—2019《有机产品　生产、加工、标识与管理体系要求》中 4. 6. 5. 1 要求投喂的饵料应是有机的或野生的。在有机的或野生的饵料数量或质量不能满足需求时，可投喂最多不超过总饵料量5%（以干物质计）的常规饵料。在出现不可预见的情况时，可在获得认证机构评估同意后在该年度投喂最多不超过20%（干物质计）的常规饵料。

饵料中的动物蛋白至少应有50%来源于食品加工的副产品或其他不适于人类消费的产品。在出现不可预见的情况时，可在该年度将该比例降至30%。

可使用天然的矿物质添加剂、维生素和微量元素；水产动物营养不足而需使用人工合成的矿物质、微量元素和维生素时，应按照GB/T 19630—2019的要求使用。

33. 有机海参生产对添加剂有何要求？

根据GB/T 19630—2019《有机产品　生产、加工、标识和管理体系要求》的要求，有机海参养殖过程中可以使用的添加剂和营养物质见表4-1。

表4-1　有机海参养殖过程中允许使用的添加剂和营养物质

序号	名称	来源和说明
1	铁	硫酸亚铁、碳酸亚铁、三氧化二铁
2	碘	碘酸钙、碘化钠、碘化钾
3	钴	硫酸钴、氯化钴、碳酸钴
4	铜	硫酸铜、氧化铜（反刍动物）

（续表）

序号	名称	来源和说明
5	锰	碳酸锰、氧化锰、硫酸锰、氯化锰
6	锌	氧化锌、碳酸锌、硫酸锌
7	钼	钼酸钠
8	硒	亚硒酸钠
9	钠	氯化钠、硫酸钠、碳酸钠、碳酸氢钠
10	钾	碳酸钾、碳酸氢钾、氯化钾
11	钙	碳酸钙（石粉、贝壳粉）、乳酸钙、硫酸钙、氯化钙
12	磷	磷酸氢钙、磷酸二氢钙、磷酸三钙
13	镁	氧化镁、氯化镁、硫酸镁
14	硫	硫酸钠
15	维生素	来源于天然生长的饲料源的维生素。在饲喂单胃动物时可使用与天然维生素结构相同的合成维生素。若反刍动物无法获得天然来源的维生素，可使用与天然维生素一样的合成的维生素 A、维生素 D 和维生素 E
16	微生物	畜牧技术用途，非转基因/基因工程生物或产品
17	酶	青贮饲料添加剂和畜牧技术用途，非转基因/基因工程生物或产品
18	防腐剂和青贮饲料添加剂	山梨酸、甲酸、乙酸、乳酸、柠檬酸，只可在天气条件不能满足充分发酵的情况下使用
19	黏结剂和抗结块剂	硬脂酸钙、二氧化硅

（续表）

序号	名称	来源和说明
20	食品、食品工业副产品	如乳清、谷物粉、糖蜜、甜菜渣等

34. 有机海参生产对消毒剂的使用有何要求？

海参生产过程中常常受到其他微生物（杂菌）侵入，影响海参正常生长，甚至导致病害发生。因此，海参生产的各个环节均要严格预防和控制杂菌侵入。通常采取的措施如下：①清洁生产基地及周边的卫生，减少杂菌量；②在投放苗种或其他投入品时应做好监测，避免苗种或投入品将病菌带入养殖水域，在投苗前或者养殖过程中出现病害发生时可使用表 4-2 中列出的消毒剂对养殖水体进行消毒。③操作者在养殖过程中，严格遵守操作规程，减少杂菌等随着换水等操作进入养殖区。

表 4-2　有机海参生产养殖过程中允许使用的消毒剂及使用条件

名称	使用条件名称	名称	使用条件
钾皂和钠皂	—	水和蒸汽	—
石灰水(氢氧化钙溶液)	—	石灰(氧化钙)	—
熟石灰（氢氧化钙）	—	次氯酸钠	用于消毒设施和设备
次氯酸钙	用于消毒设施和设备	二氧化氯	用于消毒设施和设备

（续表）

名称	使用条件名称	名称	使用条件
高锰酸钾	可使用 0.1%高锰酸钾溶液，以免腐蚀性过强	氢氧化钠	—
氢氧化钾	—	过氧化氢	仅限食品级，用作外部消毒剂。可作为消毒剂添加到家畜的饮水中
植物源制剂	—	柠檬酸	—
过氧乙酸	—	甲酸（蚁酸）	—
乳酸	—	草酸	—
异丙醇	—	乙酸	—
乙醇（酒精）	供消毒和杀菌用	碘（如碘酒、碘伏、聚维酮碘等）	作为清洁剂时，应用热水冲洗
甲醛	用于消毒设施和设备	碳酸钠	—

35. 怎样管理有机海参投入品？

有机海参生产所需要的各种投入品，应选购具有合格证明并且允许在有机水产养殖中使用的产品，并应保存购买凭证。

药品应按产品标签规定的储存条件在专门的场所分类存放，有醒目标记，由专人管理。

饲料、饲料添加剂、渔用药等应有专门的存放场所，保持干燥、通风、清洁、避免日光暴晒。变质和过期饲料应做好标识，隔离禁用并及时处理销毁。

做好投入品购买、储存和使用及销毁记录，以备核查和溯源。购买记录包括购买日期、销售单位、数量、经手人等；储存记录包括储存地点、环境条件、标识等；使用记录包括使用日期、使用人、数量、使用方法等。

第五章　有机海参增养殖管理

36. 适合有机海参的养殖方式有哪些?

根据海参养殖水域和养殖方法，可将海参养殖分为 6 种增养殖方式。

（1）底播增殖

在辽宁、山东和河北沿海，针对一些适合海参生长的海区，由于原来没有海参或原有海参资源不足，为恢复或增加海区海参资源，而从外地移殖亲参或苗种的一种纯自然、生态式的资源增殖模式。底播增殖在生产过程中，不投入任何药品等。

（2）围堰养殖

在有岩石、暗礁的深水区域，围成大坝，利用围堰内水体来养殖海参，这也是北方重要的养殖海参的方式之一。围堰主要通过换水来提供天然饵料，由于围堰一般面积较大，同时有些围堰坝体自然透水，水交换量大，在养殖海参的过程基本无法使用药品等。

（3）池塘养殖

20 世纪 90 年代在山东、辽宁开始池塘养殖，逐渐扩大到河北、江苏等地。此后，辽宁、山东等地在此基础上发展海参生态混合养殖，在池塘中养殖海参混养对虾、海蜇、贝类和牙鲆等鱼类，是目前海参养殖最主要的方式。

（4）网箱养殖

在浅海或池塘中利用网箱养殖海参，也是一种利用自然海域的生态养殖方式。

（5）吊笼养殖

吊笼养殖是在福建地区发展起来的，是在浅海区域浮排上吊笼的养殖方式。其具体养殖方法是在秋季从北方采购大规格苗种，通过冬季的投喂，利用南方冬季水温较高的优势，开展海参的养殖，加快海参的生长，通过 4 个月左右的养殖即收获。

（6）工厂化或大棚养殖

在工厂化的育苗室或大棚中进行养殖，通过人工控温、增氧、换水、投饵为海参生产提供好环境，缩短海参生长时间。

总体来说，底播增殖和围堰养殖模式下进行的海参养殖，规模较大，进排水条件较好，在养殖过程中无法使用药品等投入品，池塘养殖可以设置有效隔离带，因此，依据 GB/T 19630—2019《有机产品　生产、加工、标识与管理体系要求》的要求，底播增殖、围堰养殖和池塘养殖模式适合开展有机海参养殖。而网箱养殖、吊笼养殖、工厂化或大棚养殖方式，由于养殖密度大、无法设置有效隔离带/隔离区域、需要长期/不定期进行投饵、疾病发生概率较高等原因，依据 GB/T 19630—2019 的要求及现有海参养殖技术，这 3 种养殖方式不适合开展有机海参养殖生产。

37. 有机海参养殖池塘或围堰条件是什么？如何修建？

有机海参养殖池塘或围堰应选择附近海区无污染、远离河口等淡水源、风浪小的封闭的内湾或中潮区以下的地方建池。海区水质和环境应符合 GB/T 19630—2019《有机产品　生产、加工、标识与管理体系要求》和 GB/T 11607—1989《渔业水质标准》的要求。池塘或围堰底部以沙泥或岩礁池底为好，保水性能好。池塘要求进排水方便。池塘大小因地制宜，一般为 30~80 亩①。

坝高以天文小潮期间高潮时能向池内进水为基准，池深 2~4 米，坝顶有可挂网的插杆。闸门处设筛网（60~80 目），阻挡海参逃逸或被海水冲走，同时还可阻挡蟹类、鱼类等有害生物的进入。

38. 有机海参池塘及围堰养殖放苗前需要做哪些准备工作？

（1）池塘及围堰区的修建

有机海参养殖池塘或围堰应选择附近海区无污染、远离河口

① 1 亩≈667 米^2，15 亩=1 公顷，全书同。

等淡水源、风浪小的封闭的内湾或中潮区以下的地方建池。海区水质和环境应符合 GB/T 19630—2019《有机产品　生产、加工、标识与管理体系要求》和 GB/T 11607—1989《渔业水质标准》的要求。池塘或围堰底部以沙泥或岩礁池底为好，保水性能好。池塘要求进排水方便、最好能够利用潮沟自然纳水，常年水位不低于 1.5 米。池塘大小因地制宜，一般为 3~5 公顷。池深 2~4 米。池塘及围堰一般为长方形，且最好为东西走向。闸门处设筛网（60~80 目），阻挡海参逃逸或被海水冲走，同时还可阻挡蟹类、鱼类等有害生物的进入。

（2）池塘及围堰区的改造

在开始有机海参生产前，选取秋冬干燥季节，用挖掘机、推土机挖出淤泥，平整池底，整好池形。对养殖期较长、底质已经老化的池塘，必要时可以进行彻底清淤、消毒，以彻底改良底质，当清淤改造工作结束后，再对池底进行一次翻耕暴晒，把底层未氧化的底质翻到表层继续氧化，使有机物彻底分解。清淤时先用高压水枪将池内的参礁等附着基冲刷干净，除去附着的污泥、粪便及杂藻。然后清除池塘底部 20 厘米厚的淤泥，注意清出的淤泥一定要倾倒到远离养殖区的地方，不要堆放在养殖区边、坝埂上，以免有害物质重新进入池水中。对于不便于清淤的围堰区或池塘，可采取边搅动池底，边冲洗放水的方式，反复操作几次，彻底冲净池底污物（必要时可采用吸泥泵吸除池底污泥）。将池中翻耕氧化后的泥土上坡夯实，进行护坡。护坡形式有内铺毡布外铺砖、内铺毡布外铺水泥板、内铺毡布外盖碎石混凝土以及在坝坡上直接铺碎石水泥混凝土等形式，应因地制宜、就地取材。

（3）参礁的设置

根据海参的生活习性，养殖区要投放一定数量的附着基，也就是参礁。如果原先是岩礁底，也应投放一定数量的参礁。可以选择石头、网礁、石板、瓦片、瓷管、空心砖、废旧扇贝养殖笼、各种人工参礁等。参礁的数量一般要根据养殖的海参数量、水深、换水条件而定，参礁的堆放形状多样，堆形、垄形、网形均可。附着基要相互搭叠、多缝隙，给海参较多的附着和隐蔽场所。这项工作应在投苗前一个半月结束。

（4）养殖区的消毒

在首次放苗前1~1.5个月，要对池塘进行消毒。池内适量进水，使整个养殖区及参礁全部淹没。消毒剂选择漂白粉（5~20毫克/升）或生石灰（100~200千克/亩），全池泼洒，并进水浸泡1周。然后将池水放掉，纳入新鲜海水，反复进排水几次，以消除药物毒性。待药性消失后，适量施用微生态制剂分解残余有害物质。

池塘消毒药物的种类、使用方法和效果见表5-1。

表 5-1　池塘消毒药物的种类、使用方法和效果

种类	使用方法	用量	作用	药物失效时间
生石灰	将生石灰倒入池内水坑内加水溶化，向全池泼洒，若使石灰浆与淤泥充分混合则效果更好	水深 5～10 厘米，投入生石灰 50～75 千克/亩；水深 1 米，投入生石灰 125～150 千克/亩	可杀死野杂鱼、蟹，以及一些藻类、寄生虫和病原菌；使池水碱性增加；促使淤泥释放氮、磷、钾养分	7～15 天
漂白粉	将漂白粉加水溶解后立即全池泼洒	水深 5～10 厘米，投入漂白粉 5～10 千克/亩；水深 1 米，投入漂白粉 13.5 千克/亩	杀死野杂鱼和其他有害生物的效果与生石灰无异，但无改良水质和肥水作用	4～5 天
茶粕	茶粕捣碎后用水浸泡一昼夜，连渣带水全池泼洒	水深 15 厘米，投入茶粕 10～12 千克/亩；水深 1 米，投入茶粕 40～50 千克/亩	可杀死野杂鱼、螺类，毒杀力较生石灰稍差	5～7 天
茶粕、生石灰混合	将浸泡后的茶粕倒入生石灰水内，搅匀后全池泼洒	水深 1 米，投入茶粕 35 千克/亩、生石灰 45 千克/亩	兼有茶粕和生石灰两种药物的效果	7 天

（5）培养基础饵料

至少在投苗前半月开始。可采用一些适宜的藻种，按照生产需要进行适量播种，一般常见的品种包括石莼、底栖硅藻、鼠尾藻等。

39. 有机海参池塘及围堰养殖的苗种投放应注意哪些问题?

优先选用来自有机认证的海参苗种，在无法获得的情况下，也可以采用常规苗种，但苗种培育过程要符合有机相关要求。苗种质量应符合 GB/T 32756—2016《刺参　亲参和苗种》的要求，体表干净、无损伤，活力强，体色亮泽，体表无溃烂、化皮，无口围肿胀；体态伸展，肉刺坚挺，摄食旺盛；受到刺激后，参苗收缩迅速、管足附着力强，对外界刺激反应灵敏；不得检出氯霉素、硝基呋喃类代谢物和孔雀石绿等国家禁用药物。

苗种的投放密度由苗种大小、参礁的数量、换水的频度、饵料供应等因素决定。一般，体长 2~5 厘米小规格的参苗 40 头/米^2；5~10 厘米中等规格的参苗 30~40 头/米^2；10~15 厘米较大规格的参苗 20~30 头/米^{2}为宜。20 厘米以上的参苗，密度不该超过 20 头/米^2。

放苗分春秋两季，不同地区水温不同，因此放苗时间不尽相同，一般水温 7~10℃ 时投放比较好。此时海参具有较强的活动能力和摄食能力，对环境的适应能力也较强。

一般是将苗种在离水面 10 厘米左右直接投放在参礁集中的地方。

40. 有机海参池塘及围堰养殖主要有哪些日常管理?

(1) 水质

保持水质清新，是加快海参生长、提高养殖成活率的重要措施。放苗后水可只进不出，2~3 天进水 10~15 厘米。当水位达到最高处时，根据养殖区及外海水质状况进行换水。进入夏眠后，应保持最高水位，每日换水量应遵循水质好、水温低、盐度稳定的原则。秋季以后加大换水量。冬季可只进水不排水，保持最高水位即可，水色以浅黄色或浅褐色为好。日常换水坚持外海水质条件良好情况下才能进水，外海水质应符合 GB/T 11607《渔业用水水质标准》的要求，如果近海海水受雨水、污染、赤潮、药残、细菌病毒流行等影响，坚决不能进水。进水时间的水温要接近海参适宜范围，因此每次换水前应对外海水质进行监测，随时掌握外海水质各项理化指标，指标不适坚决不用，做到合理换水，科学换水。

（2）饵料投喂

池塘及围堰养殖海参的饵料主要为包括硅藻、单细胞藻、原生动物、线形动物、桡足类、介形类、水母幼虫、悬浮有机质等天然饵料，也可根据符合 GB/T 19630—2019《有机产品　生产、加工、标识与管理体系要求》中对水产养殖饵料的要求适量投喂人工饵料。人工饵料来源主要为海泥及大型藻类，可自行配置，也可购买配合饲料，应符合 SC/T 2037《刺参配合饲料》要求，且饲料原料或配合饲料均应通过有机认证。海参在自然条件下10~16℃时，即春、秋季节（3—6 月、10—11 月）生长最快，可适当进行饵料投喂。春季一周投喂 1 次，秋季一周投喂 2 次。投饵量应为海参体重的 1%~2%，并跟踪观察海参摄食情况，若残留较多应及时延长投饵间隔或降低投饵量。6—10 月，海参进入夏眠，加之此时水质相对比较肥，可停止投喂。12 月至翌年 2 月，水温降低，海参活力减弱，也不投喂。一般应选择傍晚进行饵料投喂。

（3）水质监测

每日测池塘内外水温、盐度各 1 次，每星期测 pH 值 1 次，有条件的单位可 1~2 周测定一次水中的氨氮及其他水质指标，并做记录。夏季赤潮发生及汛期定期用显微镜检查池内单胞藻种类和数量，发现问题及时采取措施处理。在雨季，雨水偏多时谨防盐度骤降，造成海参溃烂甚至死亡。要及时排掉表层淡水，并加大换水量，池水盐度最好保持在 26‰以上。

（4）及时清除杂物

池内大型藻类、海草、残饵等腐烂后，能造成池底局部缺氧，加之海参行动慢，温带海参夏季又有休眠习性，不能迅速逃离不良环境，往往会引起死亡。所以要及时捞出池内杂物，保持池水清洁。

（5）抽样检查

不定期（7~15 天）测量海参的体长、体重，检查其生长情况。并剖开几头海参，检查其食物含量，调整投饵量。

（6）冬季扫雪

越冬期间，若水面出现结冰，应及时清除冰面上的积雪和杂物，增加光照，以保持池水一定的光照。

41. 如何清除有机海参养殖中的大型藻类?

（1）通过控制透明度抑制大型藻类的生长

控制池水透明度在50~80厘米。较低的透明度可抑制大型藻类的光合作用，控制其繁殖生长。

（2）人工捞除

当池塘内出现了较多的大型藻类就必须使用工具直接捞出。尽管费力费时、无法根除，但这种方法成本低，简单易行，不会产生不良影响，是目前有机海参生产中去除大型藻类的主要方法。尤其是在6—9月，藻类生长旺盛，要加强过剩藻类控制，防止出现水质腐败，影响海参生长。

（3）混养

条件合适的养殖区可以选择混养一定数量的海胆等以大型藻类为主要食物的种类来控制养殖区大型藻类。

42. 有机海参养殖夏季管理应注意哪些问题?

（1）防止水质过肥

高温季节，藻类繁殖生长过快，特别在25~30℃时，蓝绿藻繁殖较快，水色会因水中藻类的多少而异，水色深则表明水中的藻类多，营养丰富，有机物含量高，易导致池塘夜间缺氧，不利于海参夏眠。如果发现水质过肥，要注意加大换水量，以降低池水肥度，如果不能换水，就在围堰区下风头1/5~1/4处泼洒二氧化氯，局部杀灭藻类，第二天投放有益菌改底。

（2）防止海水温度过高

在夏季高温季节除了加大换水量和保持池水最深水位外，有充氧机的池塘或围堰养殖区可在凌晨气温较低时加大充气力度以降低池水温度，有条件的参池可打盐度适宜于海参生长的深水井，利用地下井水降低池水温度，面积较小的池塘，可以设防晒遮阳网，并尽量夜间提水，将池水温度降到最低限度。

（3）防止盐度骤降

在汛期要注意天气变化并收听天气预报。在大雨来临前，把原池内的水排掉2/3后，再把池水加到最高水位，在雨中要及时打开排水闸门排掉表层淡水，保持池水盐度。在进水时，必须先测量外海及潮沟内海水的盐度，如果海区盐度过低不得进水。

（4）防止围堰区缺氧

在夏季炎热的天气，各种藻类繁殖过快，极易出现白天溶氧过高，而夜间溶氧过低的情况，稍不注意极易造成养殖区海参缺氧而大批死亡。因此，要经常注意测量池水溶解氧含量。如果发现溶解氧低，要及时采取增氧措施或投放增氧剂，以增加养殖区的溶解氧含量。

（5）防止池水偏酸性或偏碱性

每天要注意巡池，如果发现水中有气泡或有成块的有机质上浮，则说明水质在变化，可及时进水加以调节。当发现水质偏酸性时，尤其是雨后池塘倒藻后，部分围堰区可能会出现偏酸现象，可用生石灰调节；当发现水质偏碱性时，可用小苏打加以调节。

43. 有机海参底播增殖海域的选择应注意哪些问题？

有机海参的增殖场应选择在避风的港口及内湾。水质要清新，潮流要畅通，流速要缓，最好有涡流。此外，盐度要适宜，无大量淡水进入，水深一般应在 10 米以内，海底应有大叶藻及其他大型褐藻类等。

首选的底质应是大型海藻繁生的乱石、夹杂岩石的底质，或乱石、礁石底质，其次为大叶藻繁茂的沙泥底质，礁石数量少的海区应采取投石的方法，增加海区的礁石数量。

44. 有机海参底播增殖前应对海区做哪些调查工作？

在有机海参底播增殖前对增殖区域的水质、底质及资源量进行调查，确定该区域是否适合海参生长、是否适合有机海参的生产，掌握增殖海域的生物资源量，调查方法按照 GB/T 12763《海洋调查规范》进行。

45. 如何改造有机海参底播增殖海区？

（1）人工造礁

遇到增殖区局部条件不足或欠缺的情况下，就有必要对海区环境加以改造，其改造措施为投放海参礁。海参礁是增加海参隐蔽场所，提供大型海藻固生场地，满足海参高密度栖息要求的一种有效方法。参礁主要有石块、各种人造海参礁等。海参礁的堆放形状多样，堆形、垄形均可，应相互搭叠、多缝隙。

（2）藻类增殖

投放人造礁后，海区藻类资源相对不足，只有通过移植和养殖各种藻类与礁体结合成一个良好的生态环境，才有利于海参对饵料的广泛需求，使人工海参礁在渔业资源修复、海珍品增养殖中起到应有的作用。主要方法如下。

投放带有孢子的石块：将适宜的石块（重 15 千克左右，石面以粗糙、凹凸不平为最好）投入盛有清洁海水的船中，然后投放成熟的经阴干刺激的种藻，使其大量放散孢子，进而使孢子附着在石块上，然后再投放到预先选好的海区中，不同藻类采孢子的时间各有不同。

投放有成熟孢子的海藻：当海藻开始大量产生孢子囊群时，选择其中孢子囊群形成面积较大的叶片夹在夹苗绳上，绳长 2 米，每隔 10 厘米夹 1 株，然后用坠石于低潮时间横流投放于石礁上。其目的都是让其大量放散孢子，然后附着在人工鱼礁上，长大后形成海底藻场，为海参提供良好的栖息场所和丰富的饵料资源。

投放海藻幼苗：在适宜的季节把海藻带幼苗连同原来附苗的苗绳一起绑到石块上投放到海底。

投放养殖用旧浮埂：将使用多年而且上面附有大量多种海藻

的旧筏架沉没在人工投放的石礁上，让其向石礁上放散孢子，附着生长各种藻类。

移栽：其方法是在适宜时间将大型藻类（大叶藻、鼠尾藻、马尾藻等），连同生长处的泥沙（石块）和根茎一起移到适合生长的海底栽种。

46. 有机海参底播增殖投放苗种的要求及方法是什么?

（1）苗种规格

从生产及综合效益考虑，在有条件的地区，放流海参种苗的规格应为体长5厘米以上，苗种质量应符合GB/T 32756—2016《刺参　亲参和苗种》的要求。

（2）苗种投放时间

水温为10~20℃的季节放流为宜。

（3）投放密度

应控制在3万~7.5万头/公顷。

（4）投放方法

可采用网袋放流法。由潜水员携带参苗网袋潜入海底，打开网袋口，将网袋内的参苗轻轻播撒到礁石上；用网框（外罩聚乙烯窗纱）将网箱放于海底，开启底部，让幼参自行爬出。大规格苗种也可直接从海面播撒到增殖海区。

47. 有机海参底播增殖的日常管理工作有哪些？

（1）加强看护，防止海参被偷捕

养成期间，特别是 3—7 月和 10—12 月，海参活动能力强，摄食旺盛，应当封闭增殖区，严禁外来人员到海区赶海，以减小外来因素对海参生长的影响。

（2）潜水观察

定期由潜水员观察海参的生长情况，发现敌害生物，特别是蟹类、海星较多时，及时清除。

（3）做好生产记录

生产期间，应该按照有机海参生产要求，改造增殖区改造，移植藻类，放养苗种，清除敌害生物，潜水员定期观察海参生长、摄食、存活情况，每日详细记录水文、水质，气象等信息。

第六章　有机海参病虫害防治

48. 有机海参病虫害防治有哪些总体要求?

有机海参病虫害防治的总体要求：①应坚持以防为主的原则；②应遵循“早发现、早隔离、早治疗”的原则，及时检出严重溃烂的海参并进行无害化处理；③苗种选购时应对苗种严格检测，防止苗种携带病菌等；④保持适宜的养殖密度；⑤做好养殖区水质底质的监测工作，发现问题及时解决，通过投放微生态制剂等方式改善水质、底质，防止因水质底质恶化造成病害的发生；⑥应尽量通过生物防控措施控制病虫害的发生，减少药物的使用，药物的使用要符合水产养殖相关法律、法规、强制性标准及有机海参生产的要求，坚决避免违规使用药物。

49. 有哪些常见海参寄生虫病害？症状如何？如何防治？

（1）常见海参寄生虫病害

海参寄生虫病主要有盾纤毛虫病、扁虫病、后口虫病等。

盾纤毛虫病

病因：由细菌和盾纤虫协同致病。盾纤虫属纤毛纲嗜污虫属，活体外观呈瓜子形，皮膜薄，无缺刻，新鲜分离得到的虫体平均大小为38.4微米×21.7微米。

流行情况：在稚参培育阶段（度夏期）发现盾纤毛虫病。夏季高温季节，水温20℃左右，海参幼体附板后的2~3天易暴发此病。该病感染率高，传染快，短时间内可造成稚参的大规模死亡。

症状：发病的稚参在显微镜下观察，可见盾纤虫进入稚参体内，然后在稚参体内大量繁殖，造成稚参解体死亡。

扁虫病

病因：扁虫感染一般与细菌感染同时存在，而且扁虫多在细菌感染后的病参体上存在，加剧海参的病情，加速海参的死亡。因此，初步断定扁虫病是属于继发性感染。扁虫细长，呈线状，长度不等，形体具有多态性。

流行情况：此病在每年的1—3月养殖水体温度较低时期（一般在8℃以下）是发病高峰，越冬幼参培育期和成参养殖期均有发现，可导致较高的死亡率。当水温上升到14℃以上时，病情减轻或消失。

症状：病参腹部和背部多有溃烂斑块，严重的甚至整块组织烂掉，露出深层组织。大量的扁虫寄生在皮下组织内，造成组织溃烂和损伤。越冬感染的幼体附着力下降，易从附着基滑落池底。经解剖后发现患病个体多数已经排脏，丧失摄食能力。

后口虫病

病因：病原为后口虫属（Boveria）中的一种纤毛虫，虫体活体长约40~75微米，体宽约20~27微米。

流行情况：一般情况是在每年秋冬季节发生，发生率较高，患病海参死亡率通常较低，迄今为止，仅在幼参和成参发现此病。

症状：患病个体外观正常，严重者多有排脏反应，排脏后丧失摄食能力，参体消瘦，活力减弱。经显微镜镜检和组织病理分析发现，后口虫专性寄生于海参呼吸树，在呼吸树囊膜内外均有大量虫体寄生。寄生虫的头部能钻入呼吸树组织内，造成组织损伤和溃烂，并导致海参排脏。

（2）防治措施

①养殖用水应严格砂滤和300目网滤处理。②及时清除池底污物，勤刷附着基，适时倒池。③饵料投喂要经过严格消毒，以减少致病菌和纤毛虫带入池中。

50. 海参养殖中非寄生虫引起的病害有哪些？如何防治？

海参育苗期易出现烂胃病、烂边病、化板症和气泡病；稚参培育阶段易出现细菌性溃烂病；幼体培育及养成阶段易出现皮肤溃烂病和急性口围肿胀症；幼参及成参都易患霉菌病。

（1）烂胃病

病因：灿烂弧菌已被确定为烂胃病的重要病原之一，一些未鉴定细菌也可人工感染导致耳状幼体发生烂胃症状。投喂的饵料品质不佳或饵料搭配不当易感染。

流行情况：此病一般发生在海参大耳状幼体后期，即幼体选育后5~7天，每年6—7月高温期和幼体培育密度大时更容易发病，严重时每批海参幼体的死亡率常高达70%~90%，并且每年有逐年升高之势。

症状：幼体胃壁增厚、粗糙，胃的周边界限变得模糊不清，继而逐步萎缩变小、变形，严重时整个胃壁发生糜烂，其结果幼体的摄食能力明显下降或不摄食，生长和发育迟缓，形态、大小不齐，从耳状幼体到樽形幼体的变态率较低，最终死亡或不能变态。

防治措施：注意饵料质量，并合理投喂，保持良好的水质环境。

（2）烂边病

病因：弧菌（*Vibrio lentus*）被认为是烂边病的病原之一。

流行情况：此病每年6—7月发生，多在幼体大耳后期，死亡率较高，可达90%。

症状：耳状幼体边缘突起处组织增生，颜色加深变黑，边缘变得模糊不清，逐步溃烂，最后整个幼体解体消失。存活个体的发育迟缓、变态率低。

防治措施：发现病情，大量换水，以减少致病细菌数量。

（3）化板症

病因：此症具有病原的多样性和复杂性，已有研究鉴定出1株弧菌为致病菌之一。

流行情况：此病是稚参附着后期较为常见的流行病，一般在樽形幼体向五触手幼体变态和幼体附板后发生，该病传染性强，发病快，数天内死亡率可近100%。

症状：附在附着板上的幼体收缩不伸展，触手收缩，活力下降，附着力差，并逐渐失去附着在附着基上的能力而沉落池底。在光学显微镜下，患病幼体表皮出现褐色“锈”斑和污物，有的患病稚参体外包被一层透明的薄膜，皮肤逐步溃烂直至解体，骨片散落。

防治措施：①重视投饵的质量和数量，进行饵料投喂时确保饵料经过消毒处理，以减少致病源。②采用二次砂滤或紫外线消毒的方法，并及时清除残饵、粪便等，尽量减少养殖用水中致病菌数量。

（4）气泡病

病因：该病是由于通气量过大，使幼体吞食过多气泡而导致的。

流行情况：该病多在耳状幼体培育期出现，死亡率较低。

症状：患病的幼体体内有气泡，导致幼体不摄食或摄食能力下降，最终死亡。

防治措施：调节通气量，控制气泡的大小，减少幼体吞食气泡。

（5）细菌性溃烂病

病因：该病主要是细菌感染所致。

流行情况：此病出现在夏季高温季节，发病率很高，加上稚参培育阶段密度一般比较大，传染速度快，一旦发生就会波及全池，短期内稚参就会全池死亡。

症状：患此病的稚参一般情况下活力减弱，随之附着力也相应减弱，摄食能力下降，继而身体收缩，变成乳白色球状，并伴随着局部组织溃烂，而后溃烂面积逐渐扩大，躯体大部分烂掉，骨片散落，最后整个参体解体，在附着基上只留下一个白色印痕。

防治措施：发现病情，大量换水，以减少病原菌对稚参的侵害。

（6）皮肤溃烂病

病因：已确定的病原菌有弧菌属的灿烂弧菌（*Vibrio splendi-*

dus）、溶藻弧菌（*Vibrio alginolyticus*）、Vibrio sp. HXS31、*Vibrio* sp. HXS32、*Vibrio* sp. HSX34、*Vibrio* sp. HSX22，假单胞菌属的 *Pseudomonas* sp. BP12 和假交替单胞菌属的 *Pseudoalteromonas nigrifaciens*。

流行情况：该病是当前养殖海参常见的疾病，危害最为严重，多发生在每年 1—4 月养殖水体温度较低时（8~16℃），2—3 月是发病高峰期，感染率高，传播速度快，很快蔓延至全池，死亡率可达 90%。越冬保苗期幼参和养成期海参均可被感染发病，

症状：初期感染的病参多有摇头现象，口部出现局部性感染，表现为触手黑浊，对外界刺激反应迟钝，口部肿胀、不能收缩与闭合，继而大部分海参会出现排脏现象；中期感染的海参身体收缩、僵直，体色变暗，但肉刺变白、秃钝，口腹部先出现小面积溃疡，形成小的蓝白色斑点；末期感染病参的病灶扩大、溃疡处增多，表皮大面积腐烂，最后导致海参死亡，溶化为鼻涕状的胶体。

防治措施：①选购参苗时，应该对种苗健康检查，选择体表无损伤、肉刺完整、身体自然伸展、活力好、摄食能力强、粪便较干呈条状参苗为佳。②投放苗种的密度适宜，控制水质，向饲料中添加维生素，用来提高海参的自身免疫力，提高抗病能力。③经常巡池，观察海参的活动状态、摄食和粪便情况，定期测量水质指标，发现病参，要遵循“早发现、早隔离、早治疗”的原则，及时将发病个体拣出。④经常清除底质污物，定期向养殖水

体中投放水质改良剂，以降解养殖水体中的氨氮、硫化氢等有毒物质，减少养殖水体中污染源。定期向养殖水体中投放生物制剂及益生菌，以减少疾病的发生和蔓延。

（7）急性口围肿胀症

病因：已确定的病原菌有弧菌 *Vibrio tapetis*、*Vibrios plendidus*、*Vibrio* sp. NB14 和 *Marinomonas dokdonensis*。

流行情况：此病在每年的 2—4 月发生，在池塘养殖海参和育苗室越冬苗都出现过，此病自 2003 年春以来经常发生，造成了海参的死亡，发病高峰期为 2—3 月，发病时水温 5~14℃，自然死亡率达 30%~60%。

症状：病参的活力下降，反应迟缓，口围肿胀，体表溃烂，排脏，管足附着力下降，脱落沉至池底。严重时海参体壁变形，骨片散落，逐渐融化成鼻涕状胶体，最后其躯体全部化掉。

防治措施：控制水质清洁，以减少病原菌的繁殖。

（8）霉菌病

病因：过多有机物或大型藻类死亡沉积致使大量霉菌生长，然后霉菌感染海参而导致疾病发生。

流行情况：每年的 4—8 月为此病的高发期，幼参和成参都会患此病。

症状：参体水肿或表皮腐烂。发生水肿的个体通体鼓胀，皮肤薄而透明，色素减退，触摸参体有柔软的感觉。表皮发生腐烂的个体，棘刺尖处先发白，然后以棘刺为中心开始溃烂，严重时棘刺烂掉，成为白斑，继而感染面积扩大，表皮溃烂脱落，露出深层皮下组织而呈现蓝白色。虽然霉菌病一般不会导致海参的大量死亡，但其感染造成的外部创伤会引起其他病原的继发性感染和外观品质的下降。

防治措施：①防止投饵过多，保持池底和水质清洁。②避免大型绿藻繁殖过多，并及时清除沉落池底的藻类，防止池底环境恶化。③采取清污和晒池措施，防止有机物累积过多。

51. 海参增养殖过程中常见敌害及其防治措施有哪些?

海参增养殖过程中常见的敌害主要有海盘车、海星、日本蟳等。

在底播增殖前应对底播增殖海区的底栖生物资源进行调查，调查方法按照GB/T 12763《海洋调查规范》进行，如海区海星、海盘车、日本蟳等敌害生物较多，海星、海盘车可由潜水员潜入海底人工清除，日本蟳等蟹类可用投放地笼等进行捕捞。

第七章　有机海参加工

52. 有机海参加工厂选址及产区环境有哪些要求？

有机海参加工厂选址及产区环境要求：①厂区不应位于对食品会产生显著污染的区域。②厂区不应选择有害废弃物以及粉尘、有害气体、放射性物质和其他扩散性污染源不能有效清除的地点。③厂区不宜选择在易发生洪涝灾害的地区，难以避开时应设计必要的防范措施。④厂区周围不宜有虫害易大量滋生的场所，难以避开时应设计必要的防范措施。⑤应考虑环境给食品生产带来的潜在污染风险，并采取适当的措施将其降至最低水平。⑥厂区应合理布局，各功能区域划分明显，并有适当的分离或分隔措施，防止交叉污染。⑦厂区内的道路应铺设混凝土、沥青或其他硬质材料；空地应采取必要措施（如铺设水泥、地砖或铺设草坪等方式），保持环境清洁，防止正常天气下扬尘和积水等现象的发生。⑧厂区绿化区域应与生产车间保持适当距离，植被应定期维护，以防止虫害的滋生。⑨厂区应有适当的排水系统。⑩宿舍、食堂、职工娱乐设施等生活区应与生产区保持适当距离或分隔。⑪存在平行生产的，应制定从原料进厂到生产加工，再到仓储、销售等环节的区别管理制度。⑫加工用水应符合 GB 5749—2006《生活饮用水卫生标准》相关要求。

53. 有机海参加工操作人员上岗及管理有何要求?

有机海参加工企业应配备有机产品内部检查员，其应熟悉整个加工厂生产、加工和质量控制体系，并经有机认证机构培训获得有机内部检查员资质。具体要求包括：①应建立并执行加工人员健康管理制度。②加工人员每年应进行健康检查，取得健康证明；上岗前应接受卫生培训。③操作人员进入生产场所前应整理个人卫生，防止污染食品。④进入作业区域应规范穿着洁净的工作服，并按要求洗手、消毒；头发应藏于工作帽内或使用发网约束。⑤进入作业区域不应配戴饰物、手表，不应化妆、染指甲、喷洒香水；不得携带或存放与食品生产无关的个人用品。⑥使用卫生间、接触可能污染食品的物品或从事与食品生产无关的其他活动后，再次从事接触食品、食品工器具、食品设备等与食品生产相关的活动前应洗手消毒。⑦非食品加工人员不得进入食品生产场所，特殊情况下进入时应遵守和加工人员同样的卫生要求。⑧所有岗位操作人员应了解有机标准及相关知识，并熟悉各自岗位有机生产相关要求。

54. 有机海参的加工工艺有哪些?

（1）干海参

干海参加工是最为传统的加工方法之一，主要以高温挂盐处理方式为主。加工方法如下：①对海参去内脏处理并清洗干净后，将海参置于沸水中煮约30分钟，要求水温为70~80℃时下锅，大火煮25~30分钟，煮时不断翻动并去除浮沫。待海参皮变硬之后捞出晾凉。②趁热一层海参一层盐，最上面用粒盐封满，加盖焖20分钟。然后捞出将海参放冷，再放入烧开冷却后的饱和食盐水中浸泡。入库冻藏。每周换一次盐卤，一共换3次盐卤。③在锅中加入七分满的饱和盐液，在浓盐水温度为100℃时将腌好的海参倒进锅内，并再加入相当于参重10%的盐，以防参体排出的水分降低卤汤浓度，大火烧煮，用木铲轻轻搅动，及时除去浮沫，煮30分钟左右，在海参表面能够看到盐粒结晶，便可捞出。④将盐渍海参放置在筛网上沥干后，再放入除湿机中去除体内多余水分，直至海参充分干燥为止。

（2）盐渍海参

盐渍海参为沿海居民较为常用的保存海参的方法，主要加工方法如下：①鲜活海参去内脏并进行清洗，洗去肉眼能看到的泥沙。②放入盐水中水煮10分钟，捞出后直接盐渍，并且需要冷藏。

（3）淡干海参

在传统盐干海参的加工方法之上适当改进，加工方法成本较低，制成海参制品保存时间较长，运输携带较为方便。主要加工方法如下：①将海参去内脏并进行清洗，洗去肉眼能看到的泥沙。②将海参置于淡盐水中煮沸约 1～2 小时，煮至手拿海参一端，另一端呈自由下垂型软状。③采用低温冷风干燥设备，晾干煮制后的海参，及时烘干。

（4）冻干海参

主要采用低温真空冷冻干燥技术处理鲜活海参，主要加工方法如下：①将鲜活海参去内脏并清洗，洗去肉眼能看到的泥沙。②新鲜海参在冻干仓内迅速冷冻至-45～-35℃，使海参中的水分结冰。③在真空状态下将冰直接升华为水蒸气，从而达到海参中水分脱干的目的。④将处理过海参制品直接包装。

（5）高压即食海参

高压即食海参是近年来比较流行的海参加工方法，在加工过程中，保留鲜活海参的原汁原味，口感较好，利于人体消化吸收。主要加工方法如下：①将鲜活海参去内脏并清洗后，漂烫定型。②高压处理 10～20 分钟。③直接放入低温冷柜速冻保存，采用真空包装或充氮包装。

55. 如何处理有机海参加工过程中的废弃物？

第一，应制定废弃物存放和清除制度，有特殊要求的废弃物其处理方式应符合有关规定。

第二，废弃物应定期清除；易腐败的废弃物应尽快清除；必要时应及时清除废弃物。

第三，车间外废弃物放置场所应与食品加工场所隔离，防止污染；应防止不良气味或有害有毒气体逸出；应防止虫害滋生。

第四，部分加工废弃物（如海参肠、海参卵、沙嘴等）可作为原料，采用先进技术进行精深加工。

56. 对有机海参包装材料有什么要求？

第一，提倡使用由竹、木、植物茎叶和纸制成的包装材料，也可使用符合卫生要求的其他包装材料。

第二，用于有机海参包装的所有材料均应为食品级材料。

第三，包装材料和包装成品应符合 GB 23350—2021《限制商品过度包装要求 食品和化妆品》的要求，并应考虑包装材料的生物降解和回收利用。

第四，可使用二氧化碳和氮作为包装填充剂。

第五，不应该使用含有合成杀菌剂、防腐剂和熏蒸剂的包装材料。

第六，不应该使用接触过禁用物质的包装袋或容器盛装有机海参。

57. 对有机海参储藏有什么要求？

有机海参的储藏应符合GB/T 19630—2019《有机产品　生产、加工、标识与管理体系要求》相关规定。

第一，有机海参产品在储藏过程中不得受到其他物质的污染。

第二，储藏有机海参产品的仓库应干净、无虫害、无有害物质残留。

第三，除常温储藏外，还可采用储藏室空气调控、温度控制、湿度调节等方法。

第四，储藏过程中不应该采用辐射处理。

第五，有机海参产品应单独存放。如果不得不与非有机产品共同存放时，应在仓库内划出特定区域，并采取必要的措施确保有机产品不与其他产品混放。

58. 对有机海参运输有什么要求？

有机海参的运输应符合GB/T 19630—2019《有机产品　生产、加工、标识与管理体系要求》，技术要求如下。

第一，运输工具在装载有机海参前应清洁。

第二，有机海参在运输过程中应避免与常规产品混杂或受到污染。

第三，在运输和装卸过程中，外包装上有机产品认证标志及有关说明不得被玷污或损毁。

第八章　有机海参标识与销售

59. 什么是中国有机产品认证标志？

中国有机产品认证标志是证明产品在生产、加工和销售过程中符合 GB/T 19630—2019《有机产品　生产、加工、标识与管理体系要求》规定，并且通过认证机构认证的专用图形，由国家认监委统一设计发布（图 8-1）。只有通过国家认监委批准的合法认证机构根据 GB/T 19630—2019《有机产品　生产、加工、标识与管理体系要求》认证的有机产品，才可以使用中国有机产品认证标志。

中国有机产品认证标志的主要图案由三部分组成，即外围的圆形、中间的种子图形及其周围的环形线条。外围的圆形形似地球，象征和谐、安全；圆形中的“中国有机产品”字样为中英文结合方式，既表示中国有机产品与世界同行，也有利于国内外消费者识别；标志中间类似种子的图形代表生命萌芽之际的勃勃生机，象征有机产品是从种子开始的全过程认证，同时，提示有机产品就如刚刚萌发的种子，正在中国大地上茁壮成长；种子图形周围的环形线条象征环形的道路，与种子图形合并构成汉字"中"，寓意有机产品根植中国，有机之路越走越宽；同时，处于平面的环形又是英文字母"C"的变体，种子形状是字母"O"的变形，意为"China Organic"（中国有机）；绿色代表环保、健康和希望，表示有机产品给人类的生态环境带来完美和谐；橘红色代表旺盛的生命力，表示有机产品对可持续发展的作用。

图 8-1 中国有机产品认证标志

60. 什么是认证机构标识？

认证机构标识是认证机构的代表符号，与认证机构名称、英文缩写等一起构成认证机构的标识。不同认证机构有不同的机构标识。目前，我国经国家认监委批准的有机产品认证机构有 90 多家，每家认证机构具有自己的机构标识，图 8-2 为北京中绿华夏有机产品认证中心（COFCC）、中国质量认证中心（CQC）和南京国环有机产品认证中心（OFDC）的机构标识。认证机构标识仅用于经该机构认证的产品，以证明该项认证活动是由该认证机构实施的。GB/T 19630—2019《有机产品　生产、加工、标识与管理体系要求》和《有机产品认证实施规则》规定，应在有机产品或其最小销售包装上加施中国有机产品认证标志、有机码及认证机构名称或其标识。

北京中绿华夏有机产品认证中心标识　　中国质量认证中心标识　　南京国环有机产品认证中心标识

图 8–2　部分有机食品认证机构标识

61. 什么是“有机码”？如何使用和查询？

为保证国家有机产品认证标志的基本防伪与追溯，防止假冒认证标志和获证产品的发生，各认证机构在向获证组织发放认证标志或允许获证组织在产品标签上印制认证标志时，应赋予每枚认证标志一个唯一的编码（即“有机码”），其编码由认证机构代码、认证标志发放年份代码和认证标志发放随机码组成（图 8–3）。

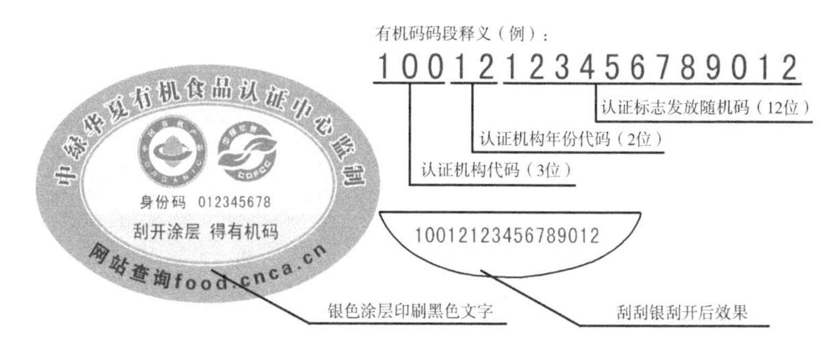

图 8-3　认证标志及有机码

（1）认证机构代码（3 位）

认证机构代码由认证机构批准号后 3 位代码形成。内资认证机构代码：该认证机构批准号中的 3 位阿拉伯数字批准流水号；外资认证机构代码：9+该认证机构批准号中的 2 位阿拉伯数字批准流水号。

（2）认证标志发放年份代码（2 位）

采用年份的最后 2 位数字，如 2021 年为 21。

（3）认证标志发放随机码（12 位）

该代码是认证机构发放认证标志数量的 12 位阿拉伯数字随机号码。数字产生的随机规则由各认证机构自行制定。

国家认监委提供“有机码”数据统一的查询方式，为社会公众和监管部门服务。“有机码”查询方式：登录 http：//cx.cnca.cn 进入全国认证认可信息公众服务平台，点击“有机码查询”，在此页面输入“有机码”和“验证码”，即可进行查询。消费者或监管部门可通过查询页面的产品信息，与所购买的商品信息进行对比，来验证和确认所购商品的真实“有机”属性。

62. 应该如何正确标识有机海参产品包装？

有机产品国家标准明确规定，表示为“有机”的产品就须在获证产品的最小销售包装上加施中国有机产品标志及其唯一编号、认证机构名称或者其标识，三者缺一不可。也可以组合使用中国有机产品认证标志与认证机构标识（图 8-4）。

图 8-4　中国有机产品认证标志与中绿华夏有机产品认证中心标识的组合使用示例

正确标识有机产品应遵循以下原则。

第一，需在包装上印刷中国有机产品认证标志和认证机构标识，按照图 8-4 进行印刷，可以按比例放大或者缩小，但不应变形、变色。印刷的标志应当清楚、明显。有机产品包装使用中国有机产品认证标志和认证机构标识，必须是在认证机构所认证产地的产品范围、核准产量之内使用，确保获证产品数量与标志使用相匹配。

第二，根据海参产品的特性，采取粘贴或印刷等方式将标识直接加施在产品或者产品的最小销售包装上。原则上，有机海参应以预包装产品出售，不得以散装产品出售，因此所有在市场上销售的有机海参必须进行包装并加贴标识。不直接零售的加工原料，可以不加标识。散装或裸装产品，应在销售专区的适当位置展示中国有机产品认证标志和认证证书复印件。

第三，仅能标注为最终产品进行有机产品认证的认证机构名称，而不能把为原料或配方成分进行认证的认证机构名称标注在最终产品上。

根据国家认监委发布的《关于进一步加强国家有机产品认证标志备案管理系统有关事项的通知》（国认注〔2011〕68号）和《关于国家有机产品认证标志备案管理系统有关事项的通知》要求，各认证机构应当充分利用现代成熟的防伪、追溯和信息化技术，结合国家认监委统一的编码规则要求，赋予每枚认证标志唯一编码，认证标志编码前注明“有机码”字样，同时鼓励认证机构在此基础上进一步采取更为严格的防伪、追溯技术手段，确保发放的每枚认证标志均能够从市场溯源到对应的认证证书、产品和生产企业，做到信息可追溯、标识可防伪、数量可控制。

63. 在包装、产品宣传册上印制中国有机产品认证标志有什么要求?

有机海参获证组织除了在获证产品最小销售包装上加施含中

国有机产品认证标志、“有机码”和认证机构名称（或标识）外，可以在获证产品标签、说明书及广告宣传材料等上印制中国有机产品认证标志和认证机构标识，但必须做到：①印制的中国有机产品认证标志和认证机构标识应当清楚、明显；②不得更改中国有机产品认证标志和认证机构标识原有设计的图形和颜色，不得改变形状、图案和颜色；③中国有机产品认证标志和认证机构标识可以按照比例放大或缩小；④认证机构标识的相关图案或文字大小不得大于中国有机产品认证标志。

64. 如何向有机认证机构申请防伪标志？

获证企业应严格按照 GB/T 19630—2019《有机产品　生产、加工、标识与管理体系要求》以及与获证机构所签的“有机产品认证证书和标志使用许可合同”的要求，向认证机构提出“有机认证产品防伪追溯标识订单”申请，对防伪追溯标志的使用、损耗、流向等进行记录和追踪，建立管理台账。

“有机认证产品防伪追溯标识订单”（表 8-1）中“产品名称”必须与获证证书中“产品名称”保持一致。“实际包装规格”指需要加施防伪标志产品的最小实际销售包装，单位可为克、千克、个等，“重量规格”指实际包装规格折算成以千克为单位的重量，用于系统核算。

表 8-1　有机认证产品防伪追溯标识订单

<table>
<tr><td>订单编号</td><td colspan="2"></td><td>企业名称</td><td colspan="8"></td></tr>
<tr><td>发货地址</td><td colspan="9"></td><td>邮编</td><td></td></tr>
<tr><td>联系人</td><td colspan="3"></td><td colspan="2">联系电话</td><td colspan="6"></td></tr>
<tr><td>标签编号</td><td>证书编号</td><td>产品名称</td><td>产品描述</td><td>实际包装规格</td><td>重量规格（千克）</td><td>标签规格</td><td>单价（元）</td><td>订购数量（枚）</td><td>总价（元）</td><td>起始身份码</td><td>结束身份码</td></tr>
<tr><td></td><td></td><td></td><td></td><td></td><td></td><td></td><td></td><td></td><td></td><td></td><td></td></tr>
<tr><td></td><td></td><td></td><td></td><td></td><td></td><td></td><td></td><td></td><td></td><td></td><td></td></tr>
<tr><td></td><td></td><td></td><td></td><td></td><td></td><td></td><td></td><td></td><td></td><td></td><td></td></tr>
<tr><td></td><td></td><td></td><td></td><td></td><td></td><td></td><td></td><td></td><td></td><td></td><td></td></tr>
<tr><td></td><td></td><td></td><td></td><td></td><td></td><td></td><td></td><td></td><td></td><td></td><td></td></tr>
</table>

“有机产品认证防伪追溯标志订单”中的标签规格包括平装不干胶、卷装不干胶、平装PE膜、PVC防水材质、洗唛、牛皮纸、防水耐高温环保塑料扣和大规模流水线有机码等多种类型，其中，平装不干胶标志用于人工贴标操作，卷标不干胶标志用于机器自动贴标操作，PE膜用于冷冻产品，PVC防水材质可用于鲜活水产品，洗唛和牛皮纸适用于袋装缝合包装，防水耐高温环保塑料扣用于畜禽活体，有机码适用于大规模流水线生产。

获证企业在收到防伪标志后，尽快将防伪标志按照品类、重量区分并加贴在需要加施认证防伪标志产品的最小销售包装上，并把每一品类加贴防伪标志后的包装照片发送至获证机构用以备案。

获证企业收到标志后，应严格按照认证机构分配的身份码加施到相应的各规格产品、商品的包装上，避免出现和标志查询系统不一致的情形。

65. 什么是有机产品销售证？它在有机海参销售中起什么作用？

有机产品国家标准要求有机产品销售商除了应向供应方索取有机产品认证证书外，还应索取有机产品销售证。有机产品销售证是从事有机产品生产供货单位与有机产品销售单位之间因发生交易而需要到认证机构开具的一种交易证明。销售证是由认证机构颁发的文件，声明特定批次或者交付的货物来自获得有机认证的生产单元。在销售证书上明确标示了允许销售的有机产品的产品名称、数量、合同号、发票号、批次号及交易期限，认证机构可以根据历次销售证开具的数量总和与认证证书上的认证量进行对照，如果销售总量超过了颁证量，就会拒绝颁发新的销售证，从而将产品销售量控制在颁证数量范围内。实施销售证制度除了可以保护消费者的利益外，实际上还可以保护获证组织的利益，因为假冒的产品是不可能得到认证机构出具的销售证书的。如果没有销售证书，按照规定，销售商就不能将该产品作为有机产品销售，因此，这一措施既起到了保护消费者的作用，也起到了保护获证组织的作用。

66. 在什么情况下需要办理有机产品销售证？如何办理？

《有机产品认证实施规则》规定，销售证是获证产品所有人提供给买方的交易证明。认证机构应制定销售证的申请和办理程序，在获证组织销售获证产品过程中（前）向认证机构申请销售证，以保证有机产品销售过程数量可控、可追溯。对于使用了有机码的产品，认证机构可不颁发销售证。

认证机构应对获证组织与购买方签订的供货协议的认证产品范围和数量、发票、发货凭证（适用时）等进行审核。对符合要求的颁发有机产品销售证；对不符合要求的应监督其整改，否则不能颁发销售证。

销售证由获证组织交给购买方。获证组织应保存已颁发的销售证的复印件，以备认证机构审核。

获证组织在向认证机构申请有机产品销售证时，需办理相关手续。①提交销售证申请书，在申请书中需要填写购买单位的基本信息，以及交易商品的协议号、发票号、名称、等级、规格、数量、产品批号、包装方式、交易时间等，并且对申请书所填写内容的真实性作出承诺。②提供相关附件材料，包括双方供货协议、销售发票、发货凭证（适用时），以及其他必要的相关资料。③向认证机构缴纳办理有机产品销售证的手续费用。

67. 有机海参采购和销售应注意什么问题?

销售人员和采购人员作为最终有机海参与消费者衔接的纽带，在采购、销售有机海参产品时应注意以下问题。

第一，了解有机农业知识，准确掌握有机食品的概念和所销售产品的特点，能够向消费者客观、真实、准确地宣传有机海参的相关知识。

第二，了解国家相关的法律法规，遵守企业规定的各项规章制度，责任心强。

第三，持有有效的健康证，服装整齐，举止文雅，礼貌待客，保持销售场所和周围环境的清洁卫生。

第四，及时、准确、详细地做好有机海参的验收、入库、出库、出售、标志和市场抽查各环节的记录，建立可追溯的生产批号系统。

第五，定期检查产品质量，若发现变质、异味、过期等不符合标准的有机海参，要立即停止销售，必要时召回产品。

第六，认真对待消费者的意见和投诉，及时向主管领导汇报，友好协商解决问题。认真接受和积极配合市场监管部门的监督检查，及时向认证机构提供信息。

68. 如何在销售过程中避免有机海参与常规海参混淆?

相对常规海参来说，目前我国有机海参开发和认证的品种、数量还不是很多，因此市场上全部经营销售有机海参产品的专卖店或专柜很少，绝大多数海参销售店既销售常规海参又销售有机海参。在此情况下，销售店在经营过程中必须采取以下措施，严格避免有机海参与常规海参发生混淆，损害消费者利益。

第一，有机海参必须以包装产品形式出售，不得以散装产品形式出售，绝对禁止与常规海参产品拼合后作为有机海参销售。

第二，所有有机海参最小销售包装上都应粘贴有可供查询的“有机码”标志。

第三，建立有机海参销售专区或陈列专柜，所销售的有机海参样品应集中放在专区或专柜销售，并在显著位置摆放有机产品认证证书（复印件）和有机产品销售证。

第四，配备有机海参专用仓库，有机海参与常规海参应分开储藏，如果确实无法分开，需要在同一个区域内储藏时，则必须在此区域内设立有机海参储藏专区，采用划线、定址堆放或物理隔离的方法，并用显著的标识加以区分。

第五，单独建账，建立有机海参独立可查的验收、入库、出库、出售、市场抽检各环节的记录。

第六，加强销售人员的教育培训，提高销售人员的素质和对有机海参的认识。

69. 有机海参包装材料有什么要求?

获得认证的有机海参产品应进行包装，包装应当符合农产品储藏、运输、销售及保障安全的要求，便于拆卸和搬运。

有机海参储藏包装材料的内包装应符合 GB 4806.6—2016《食品安全国家标准　食品接触用塑料树脂》的要求。

包装有机海参产品的材料，以及使用的保鲜剂、防腐剂、添加剂等物质必须符合国家强制性技术规范要求。包装有机海参产品应当防止机械损伤和二次污染。

70. 有机海参运输有什么要求?

第一，符合 GB/T 24616—2019《冷藏、冷冻食品物流包装、标志、运输和储存》的要求。

第二，冷藏车箱内温度宜根据海参不同形式产品的要求进行调节。

第三，运输过程中应保持干燥，采取适宜的防压、防晒、防雨、防尘措施，不应与有毒、有害物品或有异味的物品混装运输。

第九章　有机海参质量管理体系

71. 为什么要建立有机海参质量管理体系？

为保证有机产品的完整性，依据 GB/T 19630—2019《有机产品 生产、加工、标识与管理体系要求》，有机产品生产者在整个生产、加工、经营过程中必须建立管理体系，并进行有效控制和维护。建立有机管理体系大体分以下几个步骤。

第一，有机管理体系质量方针、质量目标的确立。①有机海参产品质量方针：以科学技术为依托，通过系统管理和持续改进，确保有机海参产品质量，确保顾客满意。②有机产品质量目标：产品 100%符合有机标准的各项要求；顾客零投诉。

第二，有机管理组织机构的设立。设立与有机管理体系有关的管理层及各职能部门，并规定有关人员的职责、权限。

第三，编制《有机海参生产、加工、经营管理手册》等文件。

第四，监督执行质量管理体系。

72. 有机海参质量管理体系有哪些内容？

有机海参生产者建立的管理体系文件，应包括以下内容：①有机海参生产单元或加工、经营等场所的位置图；②有机海参生产、加工、经营的管理手册；③有机海参生产、加工、经营的操作规程；④有机海参生产、加工、经营的系统记录。

GB/T 19630—2019《有机产品　生产、加工、标识与管理体系要求》对于管理体系各部分的具体要求都有严格的规定，尤其是系统记录，强调从源头输入至末端输出，包含生产、加工、经营、储藏、运输全过程的完整、全面、清晰、准确的记录。对于有机海参生产的指导规范性文件，要求各岗位所使用的文件应该是统一的，并且是最新的、有效的。为此应对文件实施有效的管理，应做到以下几点：①在文件发布前进行审批，以确保其适宜性；②必要时对文件进行评审和修订，并重新审批；③确保对文件的修改和修订状态作出标识；④确保适用文件的有关版本发放到需要的岗位；⑤确保文件字迹清晰、标识明确；⑥确保对规划（策划）和实施所需的外部文件作出标识，并对其发放予以控制；⑦防止误用过期文件，如果出于某种目的将其保留，要作出适当的标识。

73. 有机海参生产单元或加工、经营等场所位置图应标明哪些内容？

根据GB/T 19630—2019《有机产品　生产、加工、标识与管理体系要求》规定，有机海参生产应按比例绘制生产单元或加工、经营等场所的位置图，并标明但不限于以下内容：①养殖区域的水域分布，原料处理区的分布，加工区和经营区的分布；②河流、水井和其他水源情况；③养殖区域及边界土地的利用情况；④检疫隔离区域；⑤加工、包装车间、仓库及相关设备的分布；⑥生产单元内能够表明该单元特征的主要标示物。

74.《有机海参生产、加工、经营管理手册》主要包括哪些内容？

有机海参生产、加工及经营管理者应编制《有机海参生产、加工、经营管理手册》，该管理手册是证实或描述有机海参管理体系的一种主要文件形式，阐明企业的有机方针和目标，是企业内部纲领性文件，是指导企业做好有机海参产品的内部规定。对于企业员工来说是规定性文件，应严格遵守。《有机海参生产、加工、经营质量管理手册》应包括但不限于以下内容：①有机海参生产、加工、经营者简介；②有机海参生产、加工、经营的管理方针和目标；③管理组织机构图及其相关岗位的责任和权限；④有机标识的管理；⑤可追溯体系与产品召回制度；⑥内部检查；⑦文件和记录管理；⑧客户投诉的处理；⑨持续改进体系。

75.《有机海参生产、加工、经营操作规程》主要包括哪些内容？

《有机海参生产、加工、经营操作规程》是有机海参生产企业针对海参生产关键环节而制定的，用于指导和规范有机海参生产、加工和销售过程中关键环节具体的技术操作程序和操作方法，是确保企业在海参生产、加工和销售过程中符合有机生产操作和有机标准的管理性文件，企业应制定并实施《有机海参生产、加工、经营操作规程》，操作规程中至少应包括以下内容：①有机海参苗种繁育、增养殖技术规程；②防止有机海参生产、加工和经营过程中受禁用物质污染所采取的预防措施；③防止有机海参与非有机海参混杂所采取的措施；④有机海参收获规程，以及收获后运输、加工、储藏等各道工序的操作规程；⑤运输工具、机械设备及仓储设施的维护、清洁规程；⑥加工厂卫生管理与有害生物控制规程；⑦标签及生产批号的管理规程；⑧员工福利和劳动保护规程。

76. 有机海参生产、加工、经营者应记录哪些内容？

有机海参生产企业都应建立并保持完善的记录体系，它是有机海参生产、加工、经营活动全过程的主要有效证据，是有机海参可追溯性的基础。有机海参操作记录应是全过程的记录，主要包括但不限于以下内容：①有机海参生产单元的历史记录及使用禁用物质的时间和使用量；②苗种的品种、来源、苗种的投放数量、投放时间等信息；③施用生态制剂、肥料的类型、数量、使用时间及使用区域。④病虫害控制物质的名称、成分、使用原因、使用数量和使用时间等；⑤所有生产投入品的台账记录（来源、购买数量、使用去向与数量、库存数量等）与购买单据；⑥有机海参收获记录，包括品种、数量、收获日期、收获方式、生产批号等；⑦加工记录，包括原料购买与入库时间、加工过程、包装、标识、储藏、出库、运输记录等；⑧有害生物防治记录，以及加工、储存、运输设施清洁记录；⑨销售记录及有机标识的使用管理记录；⑩员工培训记录；⑪内部检查记录。

77. 对有机海参生产记录及其保存期限有什么要求？

有机海参企业对于有机海参生产、加工、经营的记录应清晰准确，并对记录实施有效的管理；记录应具备对有机海参生产相关活动、产品的可追溯性；同时，记录要有专人负责保存和管理，便于查阅，避免损坏或遗失，对记录的标识、存放、保护、检索、留存和处置要作出明确的规定。GB/T 19630—2019《有机产品　生产、加工、标识与管理体系要求》明确规定，记录至少保存5年。

78. 有机海参生产、加工、经营管理者需要具备什么条件？

为确保有机海参生产、加工、经营活动能够按照相关法律法规和标准顺利进行，有机海参企业应具备与有机海参生产、加工、经营规模和技术相适应的物质条件和人力资源。对于有机海参生产、加工、经营活动负责的管理者，可以是一名或多名人员，但必须是该有机海参企业的主要负责人之一，如生产经理或分管生产的副总经理等。对管理者的具体要求如下。

第一，了解关于农产品生产、海参加工、经营管理及其他相关法律法规。

第二，了解 GB/T 19630—2019《有机产品　生产、加工、标识与管理体系要求》与有机海参生产、加工、经营有关的章节、条款。

第三，具备水产和海参生产、加工及经营的技术知识或经验。

第四，熟悉本企业的有机海参生产、加工、经营管理体系及相关过程。管理者不能仅仅是名义上的有机活动管理者，必须熟悉本企业所进行的有机活动的管理体系和全过程。

79. 什么是有机生产内部检查员？内部检查员需要具备什么条件？

根据有机产品国家标准的要求，有机海参生产企业应建立内部检查制度、配备内部检查员，内部检查员是在有机海参生产活动的过程中，通过实施内部检查的方式，验证生产活动是否符合有机产品标准的人员，内部检查员应具备以下条件。

第一，了解关于农业和海参有关的法律法规及标准的相关要求。

第二，必须经过专门的培训，掌握 GB/T 19630—2019《有机产品　生产、加工、标识与管理体系要求》《有机产品认证管理办法》和《有机产品认证实施规则》的规定和要求。

第三，具备海参生产、加工及经营管理方面的技术知识或经验。

第四，熟悉本企业的有机海参生产、加工、经营管理体系及全过程。

第五，担任内部检查员的人员不应是有机活动的直接管理者和生产者，在实施内部检查时应确保独立性与公正性。

80. 有机生产内部检查员的职责是什么？如何开展内部检查工作？

有机海参企业应建立内部检查制度，以定期验证企业所进行的有机活动管理和有机生产、加工及经营等活动本身是否符合国家相关法律法规和标准对有机海参生产的要求。内部检查由内部检查员实施，内部检查员应具备相应的资质，并相对独立于被检查方。内部检查员的职责如下。

第一，实施内部检查工作。内部检查员应按照内部检查制度的规定，根据 GB/T 19630—2019《有机产品　生产、加工、标识与管理体系要求》对企业的生产、加工及经营的实施过程进行检查。内部检查要形成内部检查记录，以备企业自查或认证机构检查。

第二，对本企业管理体系进行监控，对其中不能持续满足有机标准的部分提出修改意见。

第三，配合认证机构的检查和认证工作，在认证检查时作为陪同人员，提供认证检查所需的文件资料、工具、设备等，并作为检查发现的见证人。

内部检查应是一个系统化、文件化、客观地获取证据并进行评价的验证过程。内部检查员根据企业的内部检查制度，制定内部检查方案，依据固定的检查程序和方法，按固定的时间间隔，有计划地实施。内部检查应确保客观、公开。

81. 为什么要建立有机海参追溯体系和产品召回制度？

根据 GB/T 19630—2019《有机产品　生产、加工、标识与管理体系要求》要求，从事有机生产、加工及经营的企业必须建立可追溯体系，这一体系的建立是为了对生产过程和产品流向进行实时控制，以便在出现问题时能够及时找到原因。有机海参追溯体系是一套完整的可追溯保障机制，由一整套记录所组成。当有机海参生产、运输、加工、储存、包装和销售等其中一个环节出现问题时，依照追踪体系的相关记录进行追溯，可找到问题产生节点。为保证有机生产完整性和可追溯性，有机海参生产、加工者应建立完善的追踪体系，另外，有机海参的质量审定和认证不仅是对终产品进行的检测，更重要的是检查有机海参在生产、加工、储藏、运输和销售过程中是否可能受到污染，是从土地到餐桌的全过程控制。有机海参追溯体系及其可追溯性（有效性）是有机海参生产、加工过程中的重要组成部分，完善的追溯体系既可以帮助有机海参生产者在产品出现问题时将损失降低到最小限度，也可以证明该企业有机海参生产活动过程的标准符合性，方便认证机构的检查和采信。

随着社会各界对农产品食品质量安全问题关注度的提高，GB/T 19630—2019 要求有机生产企业必须建立和保持有效的产品召回制度，有机海参生产自然也不例外。进行产品召回，必须建立在已有的行之有效的可追溯体系的基础上。GB/T 19630—2019 要求企业必须建立文件化的产品召回制度，规定何种条件下的产品必须进行召回，采取何种方法进行召回、如何处理召回产品，以及原因分析、纠正措施等内容，并且进行召回演练。企业必须对召回、通知、补救、原因分析及处理过程进行记录，并保留记录。

82. 如何建立完善的追溯体系？

建立一个完善的有机海参追溯体系，应建立并保存能追溯实际海参生产全过程的详细记录（如海域分区图、生产过程记录、加工记录、仓储记录、出入库记录、运输记录、销售记录、有机标志使用记录等）以及可跟踪的生产批次号系统，至少包括以下内容。

一是海域分区图。准确描绘有机海参生产海域分布的大小、方位、边界、缓冲区和隔离带，相邻海域及边界海域的利用情况，周边的水源（河流、水井等）状况，同时须注明海参海域分区特征的主要标示物。

二是生产活动记录。记录海参基地的生产活动，包括海参生产记录（海参基地养殖历史、海参品种、海参苗种繁育、产卵、保苗、倒池、排放水、设施管理、参苗捕捞、参苗投放、海参捕捞收获等），以及病虫草害防控管理记录等。

三是加工记录。记录从海参进厂验收开始经历各个加工工序，直到成品验收入库的详细情况。

四是运输、销售与有机产品标志使用记录，包括出货单、销售发票、运输单证等，显示销售日期、海参等级、批次、数量、加贴有机标志数量和购买者等信息。

相关记录表可参考表9-1至表9-4。有机海参企业可以根据自身有机海参活动的实际情况，建立适合本企业具体情况的记录系统，完善有机海参增养殖、加工、储藏、运输、包装和销售记录。

表 9-1　海参生产投入品出入库记录表

入库						出库			库存数量
入库日期	投入品名称	数量	规格	生产企业	经销商	出库日期	数量	领用人	

表 9-2　海参生产过程记录表

基地名称		生产面积	
基地地址		负责人	

生产记录

日期	生产操作	投入品名称与数量	操作人员	记录人

表 9-3　海参采收记录表

日期	采收方式	品种	数量	采收人	存放库区

表 9-4　海参产品销售记录表

日期	购货单位	品名规格	包装规格	数量	标志使用	批次号	发票号	负责人

83. 如何建立和保持有机海参有效的产品召回制度？

（1）召回通知

有机海参产品出厂后，如经销商或顾客投诉该批或该类产品为不安全产品时，在第一时间内通知相关部门，并填写“客户投诉及处理记录”，相关部门接到通知后，立即组织对该批留样产品进行分析及评估，并填写“不合格品处置单”，必要时向客户索取投诉产品小样，确需召回时，由销售部门实施召回。

当相关部门从留样观察中发现已发货的某批保质期内的有机海参存在污染隐患或变质时，及时通知销售部门，并同时填写“不合格品处置单”传给销售部门，销售部门实施主动召回。

（2）实施召回

经确认须召回时，由销售部门第一时间通知客户或消费者召回主要信息，并详细填写“召回通知”，发给客户或消费者。“召回通知”包括产品批次、产品名称、规格、数量、联系人、联系电话、召回日期等。

（3）召回产品的处理

①召回的产品由销售部门安排运输至仓库，仓库保管员对召回产品做明显标识并隔离存放。②相关部门应详细记录召回产品的批次、数量、原因和结果。③相关部门向责任部门发出“纠正和预防措施处理单”，要求有关部门采取纠正措施。

（4）情况报告

及时将召回情况报告有机产品认证机构。

84. 如何正确处理客户投诉？

有机海参企业应建立和保持有效处理客户投诉的程序，并保留投诉处理全过程的记录，其中包括投诉的接受、登记、确认、调查、跟踪、反馈等。

（1）投诉接受

企业接到客户投诉之后，以书面形式呈交投诉处理部门，由办公室与顾客取得联系，文明接待、认真询问，并做好投诉记录。

（2）原因分析

对投诉内容要进行证实性分析，凡得到确认的要分析原因，凡涉及有机海参质量安全问题的，要做好取样、留样、化验、查档案、追溯等工作，寻找原因，凡属服务态度及其他非质量问题的可特殊个别处理。由投诉处理部门会同相关部门进行投诉内容的取证。对重大质量安全问题的申诉或投诉要报告企业最高管理者，由最高管理者召集有关人员对申诉或投诉质量问题的原因进行分析。

（3）投诉处理

投诉意见经分析属非真实性的，由投诉处理部门会同相关部门反馈给顾客并耐心解释，直到顾客确认为止；如果确属企业责任的，要向顾客作精神上或物质上的赔偿；双方不能解决的，要求由第三方机构或司法部门进行仲裁解决。另外，针对客户投诉内容的原因，要责令责任相关部门立即整改，防止以后再出现类似问题。

85. 如何持续改进有机海参生产、加工、经营管理体系的有效性？

有机海参企业应通过各种方式对管理体系的有效性进行持续改进，促进有机生产、加工和经营的健康发展，以消除不符合或潜在的不符合有机生产、加工和经营要求的因素，持续改进的方式主要是采取预防措施和纠正措施，但不仅限于此。质量方针与质量目标的落实情况分析，生产数据分析，内部检查和认证机构审核结果，以及管理评审等，都可以促进企业自身管理体系持续改进。持续改进可分为日常的渐进式改进和重大突破式改进。

（1）不符合项的纠正

对客户投诉、认证检查、内部检查等所发现的不符合项，由有机海参生产、加工管理者召集人员，分析产生不符合项的原因、风险程度及承受的责任，提出纠正意见，落实纠正措施，具体程序如下：①有效地处理顾客的意见、产品不合格报告、认证检查员报告及内部检查报告等；②按“质量控制和管理程序”以及相关记录调查不符合项的原因；③确定消除不符合项的原因所需的纠正措施；④严格实施过程控制，以确保纠正措施的有效执行；⑤内部检查员对不符合项纠正措施实施情况进行实地检查并验证。

（2）预防措施

①利用适当的信息来源，如影响产品质量的过程和作业、审核结果、服务报告、顾客意见及专家咨询等，发现、分析并消除不符合的潜在原因；②提出需要预防的措施，并落实相关职能部门责任；③有效控制预防措施的实施；④内部检查员对预防措施的实施情况进行实地检查验证。

已验证有效的纠正措施或预防措施如导致有关文件的更改或补充，按对文件管理规定进行相应地更改和补充。

中国有机产品标志　　北京中绿华夏有机产品认证中心的标识

认证标志及有机码

中国有机产品认证标志与中绿华夏有机产品认证中心

标识的组合使用示例